康巴藏区碉房体系

聚落·建筑·营造·装饰

王及宏　著

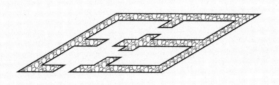

中国建筑工业出版社

图书在版编目（CIP）数据

康巴藏区碉房体系：聚落·建筑·营造·装饰 / 王
及宏著. —北京：中国建筑工业出版社，2019.12
ISBN 978-7-112-16818-7

Ⅰ.①康… Ⅱ.①王… Ⅲ.①藏族-民族建筑-研究
-甘孜藏族自治州 Ⅳ.①TU-092.814

中国版本图书馆CIP数据核字（2019）第270750号

责任编辑：徐　冉　王晓迪
版式设计：锋尚设计
责任校对：赵　菲

康巴藏区碉房体系　聚落·建筑·营造·装饰
王及宏　著
*
中国建筑工业出版社出版、发行（北京海淀三里河路9号）
各地新华书店、建筑书店经销
北京锋尚制版有限公司制版
北京中科印刷有限公司印刷
*
开本：787毫米×960毫米　1/16　印张：17¼　字数：270千字
2019年12月第一版　2019年12月第一次印刷
定价：88.00元
ISBN 978-7-112-16818-7
（34849）

前言

❖

    按照佛教的观点，我与藏区应该是非常有缘。1999年刚入西南交通大学攻读硕士时，就参与导师张先进教授主持的甘孜州康定县旅游规划项目，随后到重庆大学攻读博士期间，又在导师张兴国教授提供的论文选题中确定了藏区课题，到现在已经结缘有20年了。

    藏族是我国人口较多、分布地域较广的民族之一，虽然地处自然条件恶劣的高原极地环境中，但新石器时代就已经在该区域繁衍生息了。康巴藏族是藏族三大支系之一，分布在青藏高原东南缘的横断山脉地区，地跨川、滇、青、藏四省区。这里早期属于泛羌地区，唐代被吐蕃军队兼并，元代开始归附中央王朝。考古证实，康巴藏区是藏族碉房的发源地，这里的碉房以其历史最为悠久、类型最为丰富多样而著称于整个藏区。

    本书在广泛深入的田野调查与文献研究的基础上，运用建筑学方法，系统梳理了聚落、建筑、营造技术、装饰文化等四个主题的构成模式、文化内涵、地域特色以及分布规律，为规划和建筑设计提供一个较为系统、全面的参照背景，并结合史学、民族学、地理学等学科的相关研究成果，从生存、生产、生活、生态、生命等角度，对人居环境各层面物质形态的构成模式、演进关系和分布成因进行解析，从而建立一个较为完整的认知框架。

吴良镛先生在《人居环境导论》一书中所倡导的多学科融贯的研究方法同样适合于传统建筑文化研究，尤其是在藏族等民族地区的传统建筑文化研究中，才可能克服研究基础薄弱、可考证的资料奇缺、语言障碍等困难。如本书的研究范围界定、高碉宗教属性论证、三观构成、装饰题材的文化内涵等内容都得益于史学、民族学学者们的学术成果。

现代设计采用新材料和新技术，极大地改善了居住条件，提高了生活质量、生产效率，但面对极端自然环境，为了因地制宜建立安全、和谐的人—地关系，避免对脆弱生态和地域风貌特色的破坏，仍有必要从地域传统营造模式中汲取前人的智慧，这也是历史研究实现自我价值的主要途径。

目录

1

绪论

2

❖

康巴藏区传统聚落的
分布与构成特征

3

※

康巴藏区碉房体系的
典型建筑形态

4

※

康巴藏区碉房体系的
独特建造技术

5

❖

康巴藏区碉房体系的
丰富装饰文化

1

❈ 绪论 ❈

康巴藏区是一个在自然地理、经济、历史、文化、社会以及民俗等多个维度具有内在统一性的青藏亚文化区，并且作为青藏高原碉房的源头，充分证实碉房是一个完整的建筑体系。横断山脉独特的地理、气候等自然因素以及宗教文化、社会形态、族源等人文历史因素，使这里的人居环境营造在藏文化共性的基础上，呈现出鲜明的地域特色。

1.1
— ❖ —
"康巴藏区"的概念与范围

史学、地理学、民族学的研究证实，康巴藏区是青藏文化区中一个兼具历史、地理、民族同一性的、相对独立的亚文化区域，并有较为明确的空间边界。

1.1.1 "康巴藏区"是藏族三大历史地理民族区域之一

"康"是藏文"Khmas"的汉语记音，在有的汉文史籍中，又记为"喀木"，或"巴尔喀木"。藏族学者根敦群培在《白史》（2006）一书中指出："'康'是总合之东方地区……所言康者，系指'边地'，如同'边国小地'被称作'康吉结称（khmas-kyi-rgyal-phan）'一样。"

早在吐蕃时期，藏族就按照传统的区位概念，将吐蕃统辖的地区划分为西、中、东三个部分，分别是上部阿里三围、中部卫藏四茹、下部朵康六岗等三个历史地理区域。

元代以后，藏区归入元朝版图，并设乌斯藏纳里速古鲁孙等三路宣慰使都元帅府、吐蕃等处宣慰使都元帅府和吐蕃等路宣慰使都元帅府三大土司来管辖藏区，遂按照三大土司辖地范围，将"阿里三围"与"卫藏四茹"合称为"卫藏"，将"朵康"分成"康"区和"安多"地区，而形成新的藏族三大历史区划。习惯上，常将"康"区称为"康巴藏区"，或简称"康藏"。

　　三大藏区既是方言区划，也是历史地理区划。其中，卫藏（dbus-gtsung）地区讲卫藏方言，以西藏拉萨、山南及日喀则一带的"一江两河"地区为中心，因自然条件优越，地势相对平坦，且有纵横的河流可资灌溉，逐成为青藏高原上面积最大、物产最富庶的河谷农区，至少从7世纪以来一直是藏区政治、经济、宗教以及文化的中心区域，故称为"卫"，即中心的意思。安多（A-mdo）藏区讲安多方言，分布在从西藏北部到甘肃、青海及四川西北部的阿坝州等地的整个藏族地区，地势相对平缓，是高原上的主要牧业区，但因海拔较高、气候高寒，相对而言具有地广人稀的特点。康巴（Khmas）藏区讲康方言，地处青藏高原向东部平原与南部云贵高原过渡的横断山脉地区，地势落差较大，河谷纵横，气候垂直分异明显，可农牧兼营，低海拔地带农业发达，是藏区中人口最密集的区域。另外，在藏区，人们都按照所在地区自称为"某地巴"或"某地娃"，意为哪里的人，如"康巴"泛指居住在康巴藏区的藏族，"卫巴"泛指居住在卫藏地区的藏族，"安多娃"泛指居住在安多地区的藏族，从而使三大藏区的界定进一步衍生为兼具历史、地理、民族同一性的亚文化区域。

　　关于康巴藏区的分布范围，李绍明与任新建两位学者（2006）研究指出，根据清代文献记载和藏族传统，康巴藏族应分布在西藏昌都地区丹达山以东、四川大渡河以西、青海巴颜喀喇山以南以及云南高黎贡山以北的青藏高原东南部地区；并进一步根据民族学与史学界学者们关于"康巴藏区"空间范围的共识，指出康巴藏区在行政区划上地跨今天的川、滇、藏、青四省区，具体包括四川省甘孜藏族自治州全境、阿坝藏族羌族自治州与凉山彝族自治州的一部分[1]，西藏自治区昌都地区、青海省玉树藏族自治州以及云南省迪庆藏族自治州的德钦和中甸两县等广大地区（图1-1）。

---

[1] 具体指阿坝藏族羌族自治州金川、小金、马尔康三县全境以及黑水、壤塘两县的部分地区，凉山彝族自治州的木里藏族自治县。

图1-1　康巴藏区分布示意图

1.1.2 "康巴藏区"是青藏文化区中一个相对独立的亚文化区域

尽管上述三大区域在整体上统属于青藏文化区[①]，但是三个具有相对独立性，且各具特色的亚文化区域，在自然地理环境、经济类型、历史传统、文化面貌、社会形态乃至民俗文化等方面，康巴藏区具有以下特色。

1. 从青藏高原向横断山脉延伸的独特自然地理环境

康巴藏区地处青藏高原向四川盆地、云贵高原的过渡地带，北部为青藏高原东缘高原面，东、南、西三面为深切的横断山系，地形整体走势西北高、东南低，区内既有开阔的高原宽谷地貌，又有"一山有四季，十里不同天"的高山峡

[①] 在《中国地域文化丛书》(张云，1998) 中，按地域文化不同，我国被划分为24个文化区，青藏文化区是其中之一。

谷地貌，相对高差悬殊，是青藏高原上一个独特的自然地理单元。

2. 多元和谐共存的人文历史环境

在文化上，尽管康巴藏族有统一的康方言——德格话，但由于这里历史上曾是西北地区氐羌系民族南下，西南地区越、濮系民族北上，汉族西进与藏族东渐的"藏彝民族走廊[①]"的主要区域，不同的族群在此走廊内迁徙、定居、交汇、融合，形成地方语言以及亚文化圈多元并存的格局。一是由于河流将巨大的高原切割成一道道深陷的峡谷和一块块不连贯的山原或台地，形成许多相对独立、封闭的小型地理单元，许多古老的族群文化得以长期保存。至今仍有许多被称为"地脚话"的方言区，如一个个"语言孤岛"，散落在横断山区的崇山峻岭之中，其数量之多和密度之大堪称三大藏区之首。如大渡河流域与雅砻江流域河谷内就有嘉绒、木雅、固羌、里汝、尔苏、扎巴、尔龚、曲域等众多有自己独特方言的族群，其中，属于嘉绒藏族的甘孜州丹巴县，境内五条河谷的族群甚至在语言与习俗上还存在较为明显的差异。二是区内分布着许多具有自我循环与发展能力的、相对独立并各具特色的文化丛群（culture complex），如以四川省德格县为中心的德格宗教文化圈，以墨尔多神山为中心的嘉绒文化圈[②]，以贡嘎山为中心的

---

① 李绍明先生（2006）指出，"藏彝走廊"是费孝通先生于1978年在全国政协关于民族识别会议上的讲话中首次提出的一个历史—民族区域概念，并指出，这是中华民族聚居地区构成格局的重要组成部分。其中，"藏彝"分别指"藏语支"和"彝语支"两个语支系统的民族。其在"藏彝走廊"中的分布大体呈"北藏南彝"的格局，即北部的川西高原、西藏东部与滇西北高原主要为藏族分布地区，而其以南地区主要为彝族或彝语支民族分布地区。费孝通先生还初步指出了"藏彝走廊"的范围应以康定为中心，从甘肃南下到云南西陲，其南端绕到西藏东部的察隅、珞隅一带。也就是将"藏彝走廊"的范围基本限定在以川西高原（康定）为中心，并包括川、滇西部和西藏东部的横断山脉高山峡谷地带。

② "嘉绒（rgyal-rong）"主要包括以墨尔多神山为中心的大小金川流域，具体指今天的阿坝藏族自治州的小金、金川、马尔康和甘孜藏族自治州道孚县的一部分、色达县的色尔坝区以及丹巴县等地。另外，还有部分嘉绒藏族分布在甘孜藏族自治州的康定、雅江、泸定、炉霍的部分地区，阿坝藏族羌族自治州的黑水、汶川、理县、红原、壤塘的宗科，凉山彝族自治州的冕宁，雅安地区的宝兴、石棉、天全，以及邛崃、都江堰等地，但均源自大小金川流域。据《安多政教史》（智观巴·贡却乎饶吉，1982）载，这里是藏族"朵康（mdo-khams）"地区四大戎（即四大农业河谷区）之一，其形成始于吐蕃时期，是唐以后吐蕃藏族同化和融合这一带的许多古氐羌部落而逐渐形成的。

木雅文化圈，地处康北高寒草原的游牧文化圈，地处雅砻江中游高山峡谷的实行母系氏族社会"走婚"制度的扎巴地区，地处金沙江中游高山峡谷的实行父系氏族公社"戈巴"①制度的三岩地区，以及地处四川省甘孜州北部高原草原上实行"骨系"②氏族部落形态的色达瓦述、炉霍宗塔部落等。

在制度上，早在秦汉时代，中央王朝已于康巴藏区东部设置郡县，是最早归属中国版图的民族地区，同时还是土司制设置最早、实行最长、数量最多、体制最完备的地区。在藏区政教合一的历史大背景下，更带有土司与寺院活佛合作共治的政教联盟特色。

在经济上，从元代开始，康巴藏区就成为沟通川、滇、藏三地文化、经济的著名的"茶马古道"③的核心地带，是汉藏贸易的枢纽区域，形成了康定、昌都、中甸、玉树等四方辐辏、商贾云集的口岸型城镇。

在宗教上，康巴藏区不仅五教并存，还是后弘期以来苯教与藏传佛教最早教派宁玛派的汇聚之地，在藏族宗教发展史上具有举足轻重的地位。一是这里齐集了各教派的重要寺院，如苯教最古老的德格丁青寺、昌都孜珠寺与金川雍仲拉顶寺（乾隆后改称"广法寺"），宁玛派的白玉噶拖寺、白玉寺以及德格竹庆寺、协庆寺等四大主寺，噶玛噶举派的祖寺昌都噶玛寺与下主寺德格八邦寺，萨迦派的康定塔公寺与德格更庆寺，格鲁派的理塘长青春科尔寺、康北地区霍尔十三

---

① "戈巴"亦称"帕措"，意译为父系集团或骨系，是藏族社会从母系制向父系制过渡的产物；是为了维护自身的利益，以父系血缘关系为纽带的一种宗族群体。"帕措"内部的关系以父系为主，财产由男子继承。父权在"帕措"家庭中有至高无上的权力。

② 藏族学者格勒先生（2006）指出，古代藏族虽无姓，但有"骨系（rus）"。整个藏族有四大骨系（或族系），即色（bse）、莫（rmu）、东（stong）、董（ldong），加上札（sbra）和噶（sga）共成六大骨系。

③ 四川大学藏学研究中心的石硕教授（2003）指出，"茶马古道"作为一个历史概念是指历史上藏、汉之间进行茶马交换而形成的一条交通要道。这条交通要道始于卫藏，沿雅鲁藏布江东行，经林芝抵达茶马古道的一个重要枢纽——昌都。自昌都起，茶马古道分成了南、北两条道：滇藏道和川藏道。滇藏道是自昌都折向南，沿澜沧江和金沙江河谷南行，经今察雅、芒康、德钦、中甸进入云南西部产茶区。川藏道则分南、北两条支线：北线以昌都为起点，经江达、德格、甘孜、炉霍、道孚抵达今康定，由康定进入今雅安一带产茶区；南线亦以昌都为起点，向东经今察雅、左贡、芒康、巴塘、理塘、雅江抵达康定，由康定进入雅安一带的产茶区。但其作为穿越横断山区中的一条通道，其形成至少在距今四五千年前的新石器时代晚期或更早的年代。

寺、昌都强巴林寺与中甸松赞林寺等诸座著名大寺。二是培育出了以四川省甘孜
州德格县为中心的康巴藏区宗教文化中心。康巴藏区不仅形成了五教并存一地的
宗教文化格局，而且还建成了包罗藏传佛教各派文献资料、号称三大藏文化中心
之一的萨迦派德格印经院。

1.2
❖
"碉房体系"的界定

藏族传统建筑形式主要有碉房、穴居、帐房三种，其中，前二者为固定建
筑形式，后者为适应游牧生活方式的非固定建筑形式。与帐房、穴居相比，"碉
房"更能代表藏族传统建筑文化独具的特色。

在三大藏区中，康巴藏区的"碉房"除具有藏族"碉房"的共性外，还具
有两个突出的特点：一是历史最悠久，如两处具有代表性的新石器时代文化遗
址——西藏自治区昌都地区昌都县卡若乡卡若遗址与四川省甘孜州丹巴县中路
乡罕额依遗址，均分布在康巴藏区。经^{14}C测定，距今约5000年之久，是整个青
藏高原传统居住形式的源头，今天藏区各地的传统建筑都与之具有一脉相承的
渊源关系。二是形式最丰富多样，康巴藏区的"碉房"不仅在建筑形式与结构
类型上丰富齐全，而且还盛行高碉，仅甘孜州丹巴县一地，就现存有数百座高
碉。为了整体把握藏族传统建筑体系，有必要先梳理一下各种建筑形式同"碉
房"的关系。

1.2.1 "碉房"称谓的由来

自《后汉书》以来，历代史书中均有对藏族地区建筑形式的记载，兹将其中
具有代表性的史书及其记载统计于表1-1。

部分史书中关于藏族地区建筑的记载统计表　　　　表1-1

史书	记载
南朝·范晔编撰《后汉书·南蛮西南夷列传》	"冉駹夷者，武帝所开，元鼎六年，以为汶山郡。其山有六夷七羌九氐，各有部落……众皆依山居止，累石为室，高者至十余丈，为邛笼。"
唐·李延寿《北史·附国》与唐·魏征等撰《隋书·附国》	"附国者，蜀郡西北二千余里，即汉之西南夷也……其国南北八百里，东西千五百里。无城栅，近川谷，傍山险。俗好复仇，故垒石为碉，以避其患。其碉高至十余丈，下至五六丈，每级以木隔之。基方三四步，碉上方二三步，状似浮图。于下级开小门，从内上通，夜必关闭，以防贼盗。"
后晋·刘昫等撰《旧唐书·吐蕃传》	"吐蕃在长安之西八千里，本汉西羌之地也……其国都城号为逻些城。屋皆平头，高者至数十尺。"
北宋·宋祁、欧阳修等撰《新唐书·两爨蛮》	"黎、邛二州之东，又有凌蛮。西有三王蛮，盖筰都夷白马氏之遗种。杨刘郝三姓世为长，袭封王，谓之'三王'部落。叠甓而居，号䃒舍。"
南宋·王象之《舆地纪胜》	"夷居，其村皆叠石为碉，如浮图数重……下级开门，内以梯上下，货藏于上，人居其中，畜圈以下，高二三丈者谓之鸡笼，《后汉书》谓之邛笼；十余丈者，谓之碉。"
明·顾炎武《天下郡国利病书》	"威、茂古冉地，垒石为碉以居，如浮图数重，门内以辑木上下，货藏于上，人居其中，畜圈于下，高至二三丈者谓之鸡笼，十余丈者谓之碉。"
清·允礼纂修《西藏志》	"自炉至前后藏各处，房皆平顶，砌石为之，上覆以土石，名曰碉房，有二三层至六七层者。凡稍大房屋，中堂必雕刻彩画，装饰堂外，壁上必绘一寿星图像。凡乡居之民，多傍山坡而住。"

从表1-1中可以看出，与其他称谓相比，"碉房"一词虽在清代《西藏志》中才出现，但却是历代史书中最具代表性、涉及地域范围最广的称谓，几乎涵盖了整个藏区。而史书中提到的"冉駹夷""附国""凌蛮""三王蛮"等早期部落族群，据史家考证，均集中在岷江、大渡河流域，最远只到达雅砻江上游流域地区，所以"邛笼""碉""䃒"等称谓的适用范围相对要小得多。

对此，清代部分史家还进一步明确指出，历代史书中对藏族地区建筑的称谓，指的均是"碉房"。如《历代各族传记会编（第一编）》（翦伯赞等，1958）

中有载，清代史家王鸣盛针对唐代章怀太子李贤提出的《后汉书》中的"邛笼"二字，"按今彼土夷人呼为'雕'也"。进一步指出："案今四川徼外大金川、小金川诸土司有碉房，碉字字书不见，殆李贤所谓雕矣。"而清代地理学家丁谦在《蓬莱轩地理学丛书》（2008）中则指出："垒石为磔，详其形制，即后汉书冉駹传所谓邛笼，新唐书骠国所谓䂭舍也，今俗称碉房，凡川西诸土司直至西藏，人民所居皆同此制。磔即碉之转音，䂭则碉之本字。"

及至当代，这一说法仍得到研究者们的认同。如《试论"邛笼"文化与羌语支语言》（孙宏开，1986）一文指出，从汉以来，不管正史也好，地方史志也好，对邛笼的记载，连绵不断，隋唐以后，"邛笼"一名逐步改称"碉""磔"，实际所指都是同一建筑物。并从语言角度考证，得出"汉语邛笼二字就是羌语的译音"的结论。《藏汉大辞典》（丹珠昂奔等，2003）中的"碉房"词条也指出，碉房形式在藏区已有悠久的历史，广泛分布于西藏、青海、甘肃、四川西部等地区。

1.2.2　由"碉房"到"碉房体系"

对于藏区中那些具有碉房空间形态特征，但在建筑形式、功能类型、结构方式、墙体材料等方面与考古和史书记载不同的房屋形式，本书认为它们均属于碉房的衍化形式，并将所有这些形式统称为"碉房体系"。其原因如下。

1. 单层房屋与十几层的高碉均属于碉房的极端形式

对于单层碉房来说，除建造技术更为简易外，在材料、结构、形态特征上，与多层"碉房"并无二致，如西藏昌都卡若遗址中的碉房大都是这一类型，属于"碉房"演进过程中的早期形态。而对于十几层高的高碉来说，同样在材料、结构、形态特征上与碉房具有一致性，属于"碉房"竖向扩展所能达到的极致形式。因此，判定单层房屋与高碉是碉房发展过程中最初与最终的两个极端，均属于碉房体系。

2. 寺院、宗堡等建筑形制均属于碉房的衍化形式

按照《中国古代建筑史（第四卷）》（潘谷西，2002）中对藏族传统建筑的分类，即按功能不同，划分为居住建筑、佛教建筑、宫堡建筑与吐蕃王陵等四大类型。但是从其外观就可以很直观地看出，不仅是宫堡建筑，以及与之相似的官寨建筑，就连佛教建筑，在建造技术、建造材料、形态特征等方面也与"碉房"具有一致性与一脉相承的关系，对此，《中国建筑艺术史》（萧默，1999）中也明确指出："可以肯定，西藏宗教建筑的结构方式源于古老的'碉房'。"它们除在空间体量上存在较大差异外，应均属于随功能需要而发展出的"碉房"衍化形式。

3. 局部融入井干式结构构造做法的碉房也属于碉房的衍化形式

在上述两处新石器时代考古遗址中，石墙承重、木框架承重和墙柱混合承重是三种主要的结构类型。此外，卡若遗址中还有一个特例，在采用木框架承重结构的房屋遗址F9中，竖穴四壁木板墙采用了井干式结构构造做法，是这一混合结构类型的最早案例。现状中，康巴藏区各地都有这种将井干式结构或房屋融入上述三种结构"碉房"之中的做法——或作为碉房局部承重结构，或置于室内形成房中房，均属于这一模式的延续，因井干式都限于局部，对"碉房"的空间形态特征没有大的改变，故而仍可将其视为碉房的一种衍化形式。

4. 采用土墙形式的房屋属于"碉房"的衍化形式

不仅历代史书中均将"碉房"的墙体材料限定为石材，而且两次重大的考古发现也证实，石材砌筑是碉房的早期形式。如《卡若遗址》（西藏自治区文物管理委员会、四川大学历史系，1985）中指出："在今西藏及川西高原地区藏、羌、嘉绒等族居住的范围内，各种建筑中仍然广泛使用砌石技术，而主要的住宅形式则是一种石墙平顶的方形两层房屋，称为'碉房'。此种传统在史籍中历代均有记载。卡若遗址的发现，让我们能够将它的历史上溯到新石器时代。"而对

之后发现的四川省甘孜州丹巴县中路乡罕额依遗址考古也证实，至迟在新石器时代，嘉绒藏区就已形成石墙砌筑的碉房，并且至今仍在这一地区延续。

然而，现在我们在藏区各地，乃至羌族分布地区，却还能见到大量外墙用泥土夯筑而成的房屋与高碉。其实，采用土墙的房屋形式在距今约3000年前的青海卡约文化遗址中就已存在。《西藏卡若文化的居住建筑初探》（江道元，1982）一文指出，由于青海地区属古代羌人居住的地方，有许多建筑和古城堡都与藏族建筑相似，两地有着密切的渊源关系。因此，土墙房屋形式极易传入南部的藏区各地，尤其是石材较少的地区。《中国邛笼（碉房）建筑与文化》（江道元、陈宗祥，1997）一文也指出："尽管卡若文化遗址中的居住建筑形式作为土著文化，对于藏族地区的后代营建技术和碉房建筑风格有着决定性的影响，今天藏族定居的城市和以农业为主、农牧业并举的广大地区基本上沿用此法，但由于各地在自然条件、地方材料和生产方式等方面存在一定的差异，因而在盛产石料的地区，如藏南谷地、拉萨平原、江孜、日喀则、阿里、帕里和昌都（至四川岷江流域）一带，多采用乱石或片石砌筑房屋；而在石料较少的地区，如藏东三江峡谷、林芝、波密、昌都（至四川西北部阿坝、汶川一带）以及云南西北部德钦、中甸等地，则改用土墙和版筑墙，并出现不少用泥土夯筑而成的、高达一二十米的高碉。"

由于这些土墙房屋具有与石砌碉房相同的功能用途与空间形态特征，属于石砌碉房发展过程中出现的变化形式，因此，《中国古代建筑史（第五卷）》（孙大章，2002）中指出："居住在青、甘、川、藏高原地区的藏族采用的民居，是以石墙和土坯为外墙，屋顶为平顶的形制，远望如碉堡，故俗称为'碉房'。"

上述这些"碉房"形式无不是"碉房"阶段性发展与地域性应用的产物，其多样性恰好体现出"碉房体系"是一个高度成熟的、具有一定复杂性的建筑体系，能够对功能、形式、自然、结构等各个方面因素引起的变化做出相应的适应性调整。

1.2.3　以"碉房体系"作为研究对象

从上可见，藏族碉房实为一个完整的"碉房体系"，其源头在新石器时代的西藏自治区昌都地区昌都县卡若遗址与四川省甘孜州丹巴县中路乡罕额依遗址的房屋上就已形成，及至今天，仍广泛应用于藏区各地人们的建造活动中。在材料上，包括土、石与木等形式；在功能上，包括民居、宫堡与佛教等各种建筑类型；在层数上，包括单层与多层碉房，乃至十几层的高碉；在结构上，包括墙、柱，以及与井干式相互混合等多种承重形式。各种具有"碉房"空间形态和结构特征的衍化形式，都是对青藏高原自然地理、气候以及人文历史条件因地制宜、因时制宜的应对，从而使得藏区传统建筑文化在多样化的表象下获得内在的统一性。

1.3
— ❖ —
自然条件

康巴藏区地处青藏高原东南端，是高原向平原的过渡区域，由于横断山脉的主体部分均集中在这一地区，使得这一地区在自然地理与气候上具有不同于卫藏与安多藏区的特点。

1.3.1　独特的地质地貌

1. 高山峡谷与高原宽谷并存的地貌特点

康巴藏区地处青藏高原东缘横断山脉地区，形如一只五指张开、掌心向下的巨手，存在高原宽谷地貌与高原性高山峡谷地貌两种主要地貌类型，其构成格局可作如下简单化理解：北部为五大流域上游流经的区域，以高原宽谷地貌为主，其间分布着自青藏高原面延伸下来的诸多草原区，并可根据切割程度与海拔的对应关系，再分为高海拔—浅切割高原宽谷地貌区和较高海拔—中等切割高原宽谷地貌区两种地貌亚型；而东部和南部为五大流域干流流经的区域，以高原性高山峡谷地貌为主，是康巴藏区最为复杂和最具特色的地貌区域（图1-2）。

也可根据地方志，按照现行行政区划粗略归纳出两种地貌类型具体的地理分界线位置（图1-3）。

在康巴藏区东部的四川省阿坝藏族羌族自治州内，以南坪大录—松潘镇江关—理县米亚罗—黑水芦花、知木林—鹧鸪山—马尔康梭磨河—金川杜柯河一线为界，北部为高原宽谷地貌区，南部为高原性高山峡谷地貌区。

在中部的四川省甘孜藏族自治州内，以东起折多山、西界沙鲁里山、南达瓦灰山为界，以北为高原宽谷地貌区，其间分布着祝庆草原①、石渠草原②、俄洛草原③、理塘草原④以及木雅草

高海拔—浅切割高原宽谷地貌

较高海拔—中等切割高原宽谷地貌

高原性高山峡谷地貌

图1-2 康巴藏区中不同的地貌类型

① "祝庆草原"以德格祝庆为中心，东抵绒坝岔，西达青海结古县，南至甄科，北以子拉山脉与石渠县相接，东北以雅砻江与俄洛草原相连。海拔3500～4800m，以牧业为主，仅四周河谷的少部分地区可发展农业。
② "石渠草原"分布在今石渠县境内，与祝庆草原相接，海拔3600～5000m，以牧业为主。
③ "俄洛草原"分布在今色达县境，东抵壤塘绰斯甲辖地，南至道孚玉科区、炉霍罗科马区与甘孜县的大塘坝，西抵雅砻江河谷，北连巴颜喀拉山脉。海拔3600～4500m，地形平坦，以牧业为主。
④ "理塘草原"分布在理塘县境，东至崇喜区，南接稻城雄登寺，西抵大朔山，北连白玉县东部的昌泰草原与新龙县北部的阿色草原。海拔4000～4600m，以牧业为主。

图1-3　康巴藏区各种地貌类型分布示意图

原[①]等较大的草原，以南为高原性高山峡谷地貌区。

　　位于北部的青海省玉树藏族自治州地处青藏高原腹地，境内以玉树草原[②]为主，并向东南延伸至西藏自治区昌都地区西部与北部的"三江流域[③]"上游地区，包括丁青、类乌齐、边坝、洛隆、江达以及昌都县北部等地，基本为高原宽谷地

① "木雅草原"位于折多山附近，东抵打箭炉，南至玉龙石，北至革西麻，西南分支至高日寺山。海拔3400~4500m，大部分为草原，四周为可农耕的河谷。

② "玉树草原"分布在巴颜喀拉山以南，当拉岭以北，青海南部，金沙江、澜沧江上游，玉树25族等地。西北部与西藏北部的羌塘草原相接，为康青藏间最大的草原。海拔3400~5000m，绝大部分为牧场。

③ "三江流域"指昌都地区境内自西向东分布的怒江、澜沧江与金沙江等三条南北纵贯的大江。

貌区，其间分布着三十九族草原^①与纳夺草原^②；而以南的"三江流域"中游"三山三水^③"中段和南部地区则主要为高原性高山峡谷地貌区，包括八宿、察雅、贡觉、左贡与芒康等地，仅在其中夹杂分布了八宿草原^④这样的高原草原飞地。

位于南部的云南省迪庆州与凉山彝族自治州木里藏族自治县均处于昌都地区与甘孜州南端，均属高山峡谷地貌区。

从实际分布格局看，此行政区划界分不是绝对的。高山峡谷地貌区往往沿各流域河谷向上延伸，切割高原面，形成两川夹一高原面的格局，而高原面也会向下延伸，形成高山峡谷地貌区中相对开阔的高山草场，因此，两种地貌区是以该行政区划界分为基线，呈相互咬接、犬牙交错的分布格局。

2. 高山河谷纵横的空间格局

康巴藏区是横断山系的主要分布区，境内自西向东分布着念青唐古拉山东端与舒伯拉岭、他念他翁山与怒山^⑤、达玛拉山—宁静山、沙鲁里山^⑥、大雪山^⑦

---

① "三十九族草原"东抵内乌齐，南达怒江河谷，西南抵阿兰多，西北以党拉岭与玉树草原为界，为怒江上游的大草原。海拔3800~5000m，大部分为牧业区，仅东南部怒江支流河谷下方有少量农业区。

② "纳夺草原"位于金沙江与澜沧江之间同普县境，北与玉树草原连接，南达贡觉县乍丫江卡之间。海拔3500~4500m。

③ "三山"指昌都地区境内自西向东分布的舒伯拉岭、他念他翁山与芒康山等三条近南北走向的山脉。"三水"即指上述"三江"。

④ "八宿草原"为位于怒江河谷与苏伯拉山脉之间的一狭长草原，以八宿县为中心，南连冷卡桑昂，西连硕达罗松。海拔3000~4800m，仅怒江支流河谷有农业。

⑤ 西藏昌都地区左贡县以北称他念他翁山，以南称怒山，是澜沧江与怒江的分水岭；至藏滇边界北侧称阿东格尼山，进入迪庆称四蟠大雪山，北段称梅里雪山，南段称太子雪山，再南称碧罗雪山。

⑥ "沙鲁里山"北起石渠以南，地跨德格、白玉、新龙、甘孜、理塘、稻城等县，在德格称雀儿山，甘孜、新龙称素龙山，理塘称海子山、稻城以南称木拉山，延伸至云南称哈巴雪山与玉龙山，主峰格聂山，为甘孜州第二高峰。

⑦ "大雪山"北端起于道孚，与罗科马山南端相连，迤入道孚与丹巴间有党岭山、疙瘩梁子，丹巴与康定间有大炮山，至康定、泸定间有主峰贡嘎山，为甘孜州第一高峰，康定境内有折多山、盘盘山、雅加埂、跑马山等，延至九龙称紫眉山。

与邛崃山①等诸列山脉②，其间分布着怒江③、澜沧江④、金沙江⑤、雅砻江⑥与大渡
河⑦等大江大河（图1-4），许多地方河谷深切，从谷底到山顶的相对高差可达
2000～3000m，甚至4000～5000m，形成"两山夹一川，两川夹一山"的典型高
山峡谷地貌；而且山脉与河流几乎都是南北走向，充分体现出横断的地理特征，
是历史上南北区域族群往来迁移的大通道，为康巴藏区政治、宗教、民俗以及建
筑的多元并存格局和特色的形成奠定了自然地理基础。

3.地质灾害频发的生存环境

康巴藏区是一个地质构造复杂和灾害频繁的地区。据地方志统计，境内各褶
皱带周边都伴随着多条断裂带、复向斜、背向斜等不稳定的地质构造，均是地
震、泥石流、滑坡等地质灾害的高发区。其中，四川省阿坝州地处龙门山褶皱带

---

① "邛崃山脉"为大渡河与青衣江之大分水脊。北起鹧鸪山，向南经小金县东北部、东部，直
　插雅安地区的芦山县与宝兴县，西南面与夹金山相接，为岷江支流——杂谷脑河与大渡河支
　流——梭磨河、小金川的分水岭。山岭海拔4100～4300m，山峰有小金四姑娘山、理县霸王山
　（山王顶）与雪隆包、茂县万年雪与格阿河峰、黑水峨太基、汶川牧马山与马刀子山、小金巴
　郎山、康定、泸定与小金、宝兴、天全的天然分界线——夹金山等。
② 在这些大山脉间还分布着罗科马山、牟尼芒起山、工卡拉山等支脉。其中，罗科马山分布于色
　达、炉霍两县，是雅砻江与大渡河上源间的分水岭，北端与巴颜喀拉山相接，南端与大雪山相
　连。牟尼芒起山位于鲜水河上游达曲河与泥曲河之间，北端与巴颜喀拉山相接，南端断于炉霍
　县城以北。工卡拉山改绘霍、新龙间及新龙县境，为雅砻江与鲜水河的分水岭，其主峰为喀洼
　老热峰。
③ "怒江"藏语称"甲姆恶曲"（rgyal-mo-rngul-chu），流行于丹达山脉与瓦合山脉之间。大部分
　河段河谷深切，两岸为陡崖，坡度大于60°，少量河谷台地及缓坡地适宜农业，昌都境内支流有
　玉曲、冷曲。
④ "澜沧江"藏语称"察曲"（rdza-chu），流行于瓦合山脉与宁静山脉之间。在昌都地区的支流有
　扎曲、昂曲、金河、麦曲。
⑤ "金沙江"藏语称"折曲"（vbri-chu），在青海省境内称沱沱河、通天河，进入石渠称金沙江，
　纵贯宁静山与大朔山脉间低陷地带。支流有德格河（色曲河）、稻城河、东义河、巴楚河、松麦
　河（定曲河）。在江达县以北地区河谷宽阔，阶地发育，以南基本属于高山峡谷，在昌都地区内
　支流有藏曲、热曲、嘎托河。
⑥ "雅砻江"藏语称"雅曲"（nyag-chu），源出青海，汇大朔山脉与大雪山间之水，南流入金沙江。
　上源称扎曲，支流有鲜水河、立曲河、无量河、九龙河、霍曲河。
⑦ "大渡河"源出青海，汇大雪山与邛崃山脉间之水，上游主要支流有大、小金川，大金川由正源
　脚木足河（麻尔曲）、茶堡河、西源绰斯甲河（杜柯河）、东源梭磨河汇流而成，小金川源于抚
　边河与沃日河。

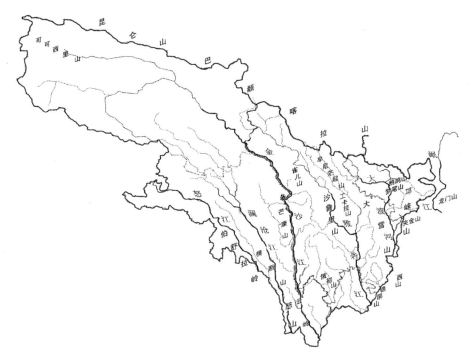

图1-4 康巴藏区主要山脉与河流分布示意图

上，境内有龙门山、松潘、马尔康、壤塘与若尔盖等烈度为6°～10°的五大地震带。据州志统计，四川省阿坝州的壤塘、小金、黑水、马尔康等县，历史上都发生过5级以上地震，金川、小金、黑水、理县等地都发生过大规模泥石流灾害。四川省甘孜州有三江褶皱带、松潘—甘孜褶皱带与扬子准台地三个一级地质构造单元，各级构造单元之间，自西向东分布有金沙江深断裂带、理塘—甘孜断裂带（两者间分布定曲河断裂与德格—乡城断裂）、鲜水河断裂带（并次生出玉科断裂、色达断裂）以及后龙门山—金河断裂带（即丹巴—康定断裂）等深大断裂（图1-5）。清康熙六十一年（1722年）至1990年间共发生5级以上地震84次，其中，炉霍与巴塘两县都曾多次毁于大地震。西藏自治区昌都地区境内自西向东分布有字嘎寺—德钦断层、博日松多—碧土断层、怒江断裂带、松宗—嘎达断裂带等大型断裂，属中强地震带，从1128年到2000年，仅文献记载的4级以上地震就有116次之多，主要分布在昌都、芒康、察雅、洛隆、八宿、边坝等县。在云南省迪庆

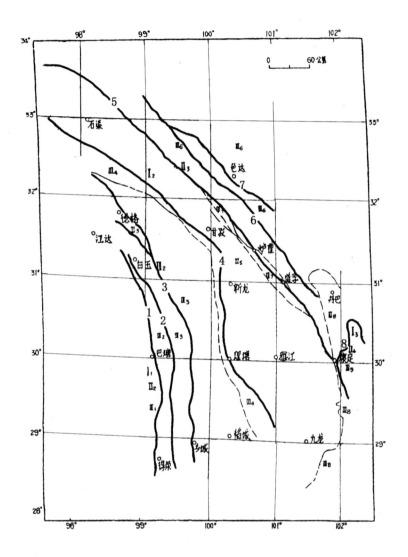

图1-5　四川省甘孜州地质构造单元分布示意图
1—金沙江断裂；2—定曲河断裂；3—德格乡城断裂；4—理塘甘孜断裂；5—鲜水河断裂；
6—玉科断裂；7—色达断裂；8—丹巴康定断裂

州境内主要为红河断裂带的北延部分楚波断裂，地震频度高，强度大，尤其是中甸县，为破坏性地震集中地区。由此可见，康巴藏区地处地质灾害高发区，安全是该地区碉房体系营造技术发展的主要动力和地域特色形成的主要原因。

1.3.2 高原性半湿润为主的气候特点

　　康巴藏区具有青藏高原日照时数长、多风、温差大、降水较小等气候共性。据地方志统计，康巴藏区绝大部分地区的全年日照时数在2000h以上，日照百分率高于40%；干季多风，尤其冬春两季风力较大；年均气温低于10℃，且昼夜与冬夏温差较大。其中，四川省甘孜州的北部与中部高原地区年均气温甚至低于0℃，但大部分地区的最暖月平均气温高于10℃；年均降雨量大都低于800mm，尤其是北部高海拔草原区和西部三江流域峡谷段年降雨量甚至在200～500mm，属于典型的高寒少雨地区（图1-6）。如何保暖抗风、营造出一个对人体健康有益的稳定气场，成为影响建筑选址和碉房形态塑造的首要因素。

　　与卫藏、安多地区相比，康巴藏区大部分地区属于青藏高原亚湿润气候区，具有森林资源丰富的优势，从整个青藏高原的森林分布线看，除喜马拉雅山南侧少数地区以外，青藏全区森林资源几乎全部分布在此线东南一侧，其中川西和藏东南一带集中了全区森林面积的98.5%。除青海东北部和西藏中部雨水不足的半

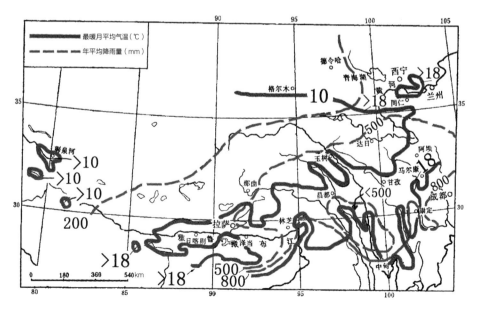

图1-6　青藏高原最暖月平均气温和年平均降雨量统计图

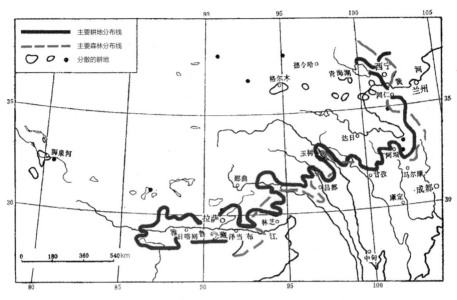

图1-7　青藏高原森林与农业分区示意图

干旱地区，该分布线较农耕线有明显向东退缩的现象外，其余部分基本与最暖月平均10℃等温线和年平均500mm等降雨量线一致（图1-7）。

　　总体上，降水量呈自西北向东南递增的趋势。仅在部分地区存在较大的差异，如西部三江并流的青海省玉树州大部，西藏自治区昌都地区中、南部以及四川省甘孜州南部等地区，受焚风效应影响，降水量低于500mm，而成为半干旱区。

　　受沿横断山系北上的印度洋暖湿气流影响，雪线向北升高，农耕区的海拔上升到3400～3500m。尤其在东部大渡河流域，年均温大都在10℃以上，为农作物生长提供了必要的热量，青稞、小麦等粮食作物可实现一年两熟或两年三熟。为了缓解河谷用地紧张的问题，这一地区的碉房多采取顶部出挑晾架以及竖向扩展层数的做法增加晾晒和贮藏空间，并以体量高大、形态独特而闻名于整个藏区。

1.4
❖
宗教文化

　　藏族是一个全民信教的民族，宗教信仰历史悠久。藏人的一生与日常生产生活的各个方面，无不充满宗教的内容与色彩。如降临人世，由僧人命名；读书识字，以僧为师；疾病医治、灾情禳解、死亡超度、葬礼主持、春种秋收、外出办事、动土兴工以至各种庆典，都得请僧人临场指导。宗教文化习俗也渗透到了人居环境营造的方方面面，无论聚落、建筑、技术还是装饰，无一不受其影响。

　　康巴藏区的宗教文化也具有自身的地域特点。一方面，在教派构成上，以苯教与藏传佛教各派多元并存为特色；另一方面，在文化上，苯教与藏传佛教又具有一定的相容性，并反映在苯、佛寺院及其管辖范围的建筑文化构成特色上。

1.4.1　苯教与藏传佛教各派多元并存

1. 苯教与藏传佛教在藏区的发展概况

1）苯教

　　苯教（Bon）发展史大体可分为原始苯教和雍仲本教两个阶段。其中，原始苯教（srid pa rgyud kyi bon）大概创始于石器时代，流行于中亚地区，实际上是信仰万物有灵的原始宗教，和"萨满教"有着千丝万缕的联系。此时的苯教巫师主要承担"上祀天神，下镇鬼怪，中兴人宅"的职能，其禳祸祛病的仪轨直到现在仍被藏族人民沿袭。其后，在西藏以冈底斯山和玛旁雍措湖一带为中心的西藏文明的源头——古象雄国，辛饶弥沃佛在原始苯教的基础上创建了有系统理论和相应教规的雍仲本教（Bonismo），直到公元7世纪，雍仲本教也是整个吐蕃的唯一宗教和信仰基础。据《吐蕃王统世系明鉴》记载："自聂赤赞普至墀杰脱赞之间凡二十六代，均以苯教护持国政。"

公元8世纪中叶吐蕃王朝第38代赞普赤松德赞时期，雍仲本教在作为政治文化中心的卫藏地区基本被清除殆尽，仅在遥远的那曲、安多和康巴等偏远地区得到较完整的保存和局部发展。但作为青藏高原本土诞生的宗教，苯教文化一直深刻地影响着藏民族的精神和物质生活。

该教派以红色大鹏金翅鸟为护法神，并以逆时针旋转的万字符为教符标志，而与藏传佛教顺时针旋转的万字符教符标志相区别。

2）藏传佛教

藏学界普遍认为，公元7世纪时，吐蕃王朝在藏区崛起后，开始引入佛教来解决部落联盟间在政治与精神上缺乏凝聚力的问题。7世纪中叶，吐蕃赞普松赞干布迎娶唐朝文成公主和尼泊尔尺尊公主进藏，并兴建大、小昭寺，标志着佛教正式传入藏区[①]。

公元779年兴建了藏区第一座佛、法、僧三宝俱全的寺院——桑耶寺（bsam-yas）。因佛教的兴起与蓬勃发展，影响了苯教的政治地位，打破了苯教一统民众精神信仰的格局，苯教徒的反佛运动不断，并最终导致了朗达玛时代（公元838～842年在位）的灭佛运动。史家将公元7世纪初佛教传入藏区到公元9世纪末朗达玛灭佛前的这段时期，称为"西藏佛教的前弘期"。

吐蕃王朝崩溃后，佛教在失去政治庇护的条件下，被迫转向边远藏区继续发展，直至进入11～12世纪，来自下路多康和上路阿里两地的佛教才再次在卫藏地区复兴，史称"西藏佛教的后弘期"[②]。佛教徒纷纷依靠地方势力，采取师徒传承的形式，开始形成自己的教派并兴建寺院，标志着佛教藏化过程的完成。

---

① 据《西藏王统记》《青史》《汉藏史集》等记载，在公元5世纪拉脱陀日宁赞（lha tho tho rignyan bstan）时期，佛经、佛塔等佛象征物就已传入藏地。

② 据《藏族大辞典》（丹珠昂奔等，2003）记载："公元9世纪中叶，吐蕃王朝末代赞普朗达玛禁佛，经过约一个世纪的黑暗时代，佛教从下路多康和上路阿里进入卫藏地区并得以复兴，与前弘期相比，复兴后的佛教称为后弘期佛教。关于后弘期开始的年代说法不一。主要有布敦大师从北宋开宝六年（公元973年）即贡巴饶色大喇嘛受近圆戒之年算起，仲敦杰瓦穷乃从北宋太平兴国三年（公元978年）算起。"

在其后的发展中，尽管藏传佛教各派在教义与修行上各具特点，但总的来看可分为两类：一类是信守古老密宗教义的宁玛派①（ryaning ma pa），一类是遵循新的密宗教义的萨迦派②（sa skya pa）、噶举派③（bkav brgyud pa）、格鲁派④（dge lugs pa）等派。这些派别至今仍存在于藏区各地。

2. 苯教与藏传佛教在康巴藏区的简要发展历程和分布现状

康巴藏区的宗教文化与卫藏地区一脉相承，但各教派的传播与分布存在先后和区域之分，并对各地建筑文化的发展产生了一定的影响。

1）苯教

据地方志记载，原始苯教早在距今3000年前就已传入今西藏自治区昌都地区，然后越金沙江传入今四川省甘孜州，并沿大渡河传播到大小金川流域，成为今四川省阿坝州苯教的源头之一。公元7世纪30年代吐蕃对外扩张

---

① "宁玛派（ryaning ma pa）"除了有旧教的含义外，还指最早翻译过来的密宗经典。又因该派僧人均戴红帽，故又俗称为"红教"。是藏传佛教中最早形成的教派。尊莲花生大师为始祖，继承并不断充实藏传佛教前弘期传下来的教法仪轨，并以独特的密宗"大圆满"教法为主要特色。

② "萨迦派（sa skya pa）"因寺院所在的奔波日山上岩石风化后形成灰白色而得名，藏语称灰白色土地为"萨迦"，象征着吉祥。又因该派寺院建筑外墙涂有红、白、蓝三色条纹，故又俗称为"花教"。萨迦派以"修明空无执，或生死涅槃无别之见"的道果法为特色。

③ "噶举派（bkav brgyud pa）"得名有两种解释：一种解释为藏语"噶（bkav）"意为"佛语"，"举（brgyud）"意为"传承"，"噶举"的意思就是噶举派密法的修习全靠师徒关系口授心传，不落文字，即"口传"之意；另一种解释为该派创始人玛尔巴（1012~1097年）与米拉日巴（1040~1123年），在修法时穿白色僧裙，即"白传"之意，故又俗称为"白教"。噶举派是藏传佛教各派之中支系最多的一个教派。有香巴噶举与塔布噶举两个传承系统，其中，塔布噶举又可分为"四大八小"支系。该派所奉主要学说是月称派的中观见，以密宗"大手印（phyag-rgya-chen-po）"法为特色。

④ "格鲁派（dge lugs pa）"意为善规，其得名源于该派主张僧人应严守戒律和修学次第。《土观宗派源流》（土观·罗桑却吉尼玛，1985）记载："格鲁派或名甘丹派，乃是以驻锡地而命的名。宗喀巴大师建卓日窝切甘丹尊胜洲，在他晚年即长驻该寺，因此大师所建宗派遂有呼为法主甘丹人的宗派。若把词字简化应呼为噶鲁派，但不顺口，遂改为格鲁派，相沿成习，则成定名。"又因该派僧侣穿戴黄色衣帽，以黄色僧帽表示奉持古代持戒古德的风范，故俗称为"黄教"。另外，由于该派实际奉行的是噶当派的戒律，故又别称为"新噶当派"。该派是15世纪初藏传佛教最后兴起的一个教派，创始人为宗喀巴（1357~1419年）。教法上主张显密并重，先显后密。

时，军队中随行的苯教巫师再次将雍仲本教传入今四川省阿坝州①与云南省迪庆州。

公元8世纪，吐蕃赞普赤松德赞开始大力扶持佛教，打击雍仲本教，雍仲本教逐渐退出卫藏地区，转向周边发展，康巴藏区成为其再度复兴的中心地区之一。迄今为止，雍仲本教仍是康巴藏区的主要教派之一，其苯教文化保存最为完整，寺院数量位居全国五省（区）藏区首位。

据地方志统计，西藏自治区昌都地区的苯教寺院主要集中在以丁青县孜珠寺为核心的丁青与左贡两县；四川省甘孜州的苯教寺院主要集中在德格和新龙两县，并分别以登青寺与益西寺为发展中心；四川省阿坝州的苯教寺院主要集中在以金川县雍仲拉顶寺为中心的大小金川流域，这里曾经是"苯教后兴期"的根据地之一，在历史上享有苯教"第二象雄②"的美誉，《金川县志》（《金川县志》编撰委员会，1994）记载，直至"清初乾隆年间，缘金川流域之宗教，皆属苯教势力"。清乾隆年间两次金川战役之后，苯教势力受到极大打击，但目前仍为这一地区藏族人民信奉的主要宗教流派之一。虽然西藏阿里象雄时期苯教就已传入青海玉树藏族自治州，但后来大都改宗藏传佛教各派（图1-8）。

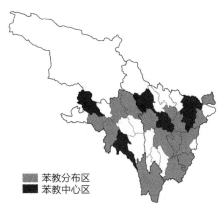

■ 苯教分布区
■ 苯教中心区

图1-8　康巴藏区苯教寺院分布示意图

---

① 《四川藏区藏传佛教的基本特点》（杨嘉铭，2007）一文指出，据一些藏、汉文献介绍，四川藏区的苯教历史十分悠久。一说今阿坝藏区的苯教在公元2世纪就已经传入，其中代表性的寺庙是苟象寺和雍忠拉顶寺，但无实据。一说于公元7世纪中叶以后吐蕃东渐时期传入苯教，此说以藏、汉文献与唐番古地名考释为据，故以后说为准。

② 苯教发源于象雄，苯教在西藏受到打击流入周边各区继续发展，这里称其为"第二象雄"，说明嘉绒藏区苯教发展之盛与地位之高。

2）宁玛派

据地方志记载，早在7世纪吐蕃赞普松赞干布率军东扩时，宁玛派就开始传入康巴藏区各地，到赤松德赞时期（742～797年），宁玛派教法随被流放的宁玛派大译师毗卢遮那传入今西藏自治区的昌都地区、四川省甘孜州与阿坝州的嘉绒藏区等地，并于10世纪左右传入云南迪庆州。

宁玛派盛行于元、明两代，但在格鲁派兴起后，虽在西藏的势力日渐势微，但在康巴藏区，依然保持良好的发展态势，据统计，"在四川藏区各教派中，宁玛派寺庙最多。据1990年统计表明，宁玛派寺庙为324座，占四川藏区藏传佛教寺庙（含苯教寺庙在内）总数的40%，位居首位，是格鲁派寺庙总数的3.06倍"。据《甘孜州州志》（甘孜州志编撰委员会，1997）记载，宁玛派在德格、白玉、石渠、色达和新龙等5县分布最密集，级别最高（图1-9），其中，德格、白玉两县齐集了全藏区宁玛派六大主寺中的四座[①]，而四川省阿坝州、西藏自治区昌都地区以及青海省玉树州各地分布的宁玛派寺院，虽数量众多，但基本属于分寺、支寺级别的中小寺院。

3）萨迦派

萨迦派创立于11世纪，以寺院所在地呈灰白色而得名。元朝时，忽必烈设掌管全国佛教与藏区事务的总制院，任命萨迦五祖八思巴（1235～1280年）为国师兼管总制院事，该教派因而在藏区各地都得到较大发展。但随着元朝的灭

宁玛派分布区
宁玛派中心区

图1-9 康巴藏区宁玛派寺院分布示意图

---

① 南宋高宗绍兴三十年（1160年），噶当巴·德西协巴在今四川省甘孜州白玉县河坡乡境内，创建了最负盛名的宁玛派寺庙——噶拖寺（kathog dgon），为康巴藏区出现最早的藏传佛教寺院之一，并成为宁玛派在此弘传的根据地。之后，宁玛派于清康熙十三年（1674年）在白玉县建白玉寺（dpalyul dgon），清康熙二十三年（1684年）在德格竹庆建竹庆寺（rdzogs chen dgon），清康熙三十一年（1692年）在竹庆寺不远处建协庆寺（zhechen dgon）。

亡，萨迦派势力受到冲击，先后为噶举
派、格鲁派所取代，各地萨迦派寺院也
纷纷改宗。

据地方志统计，目前萨迦派寺院主
要集中分布在西藏自治区昌都地区的昌
都、江达、察雅、贡觉、芒康等五县，
以及四川省甘孜州境内的新龙、德格、
理塘、雅江、康定等五县，其余大部分
地区仅有少量分布，在青海玉树境内仅
分布于玉树、称多与囊谦三县。而在四
川省凉山州木里县与云南省迪庆州境内
的发展则均趋于衰落（图1-10）。

4）噶举派

噶举派形成于11、12世纪藏传佛教
的后弘期，地方志记载，噶举派首先传
入西藏自治区昌都地区，然后再传入四
川省甘孜州与阿坝州，并向南经巴塘县
传入云南省迪庆州。格鲁派兴起后，噶
举派寺院亦纷纷改宗。

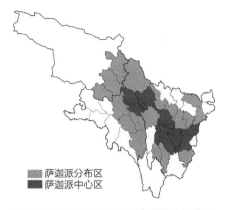

图1-10 康巴藏区萨迦派寺院分布示意图

图1-11 康巴藏区噶举派寺院分布示意图

据地方志统计，噶举派寺院主要分布在西藏自治区昌都地区的江达、昌都、类乌
齐、八宿等县，四川省甘孜州的德格县，而石渠、甘孜、白玉、新龙、雅江、康定、
乡城、得荣和稻城等县次之。阿坝州的噶举派寺院目前仅在马尔康、壤塘和黑水等三
县有少量留存。而分布在云南省迪庆州的噶举派寺院，在清康熙年间，青海蒙古和硕
特部进入之后，也多被迫改宗为格鲁派，或向南进入丽江地区。噶举派12世纪传
入青海省玉树藏族自治州，主要分布于玉树、称多、囊谦和杂多等四县（图1-11）。

5）格鲁派

格鲁派形成于15世纪初，以甘丹寺建成为标志。明正统九年（1444年）宗喀巴弟子向生·西绕松布在今西藏自治区昌都地区昌都县创建了强巴林寺，是格鲁派继拉萨建成甘丹、哲蚌、色拉三大寺之后，在康巴藏区创建最早与最大的寺院。与此同时，宗喀巴另一弟子阿旺扎巴也开始在四川省阿坝州各地兴建格鲁派寺院，前后共计108座。清乾隆年间两次金川战役①之后，苯教势力受到打击，纷纷改宗格鲁派，使得该派在康巴藏区的寺院数量仅次于宁玛派。

三世达赖喇嘛索南嘉措（1543~1588年）在担任强巴林寺法嗣堪布之后，逐渐使格鲁派成为西藏自治区昌都地区势力最大、寺院最多的教派，并将格鲁派传入四川省甘孜州与云南省迪庆州。明万历八年（1580年），索南嘉措在甘孜州理塘县创建了格鲁派在甘孜州第一座与最大一座寺院——长青春科尔寺。之后，又将格鲁派传入四川省凉山彝族自治州的木里藏族自治县，并先后创建了木里、康坞、瓦尔寨三座大寺，成为当地的政教中心。

清顺治十一年（1654年），五世达赖罗桑嘉措（1617~1682年）派弟子霍尔曲吉·昂翁彭措在今四川省甘孜州北部创建了霍尔十三寺②。目前，格鲁派寺院主要分布在四川省甘孜州石渠、甘孜、炉霍、道孚、理塘和乡城等县，除宁玛派与苯教势力较强的新龙、白玉、色达等三县没有外，其余各县均有分布。

清康熙六年（1667年），青海蒙古和硕特部进入今云南省迪庆州中甸县，当地各派寺院改宗格鲁派，并于清康熙十八年（1679年）创建了该派在此的政教中心归化寺（藏名为噶丹·松赞林寺），使格鲁派在迪庆州也取得了最高地位。另外，明清以来，格鲁派也在青海省玉树州取得了较大发展，各地都分布有寺院（图1-12）。

---

① 第一次金川战役自清乾隆十二年（1747年）至十四年（1749年），历时近三年；第二次金川战役自清乾隆三十六年（1771年）至清乾隆四十一年（1776年），历时近五年。

② 霍尔十三寺分布在今四川省甘孜州的德格、甘孜、炉霍、道孚等县，有学者认为包括：德格的更沙寺、甘孜的孔玛寺、孜苏寺、桑珠寺、大金寺、甘孜寺、白利寺、扎觉寺、东谷寺，炉霍县县城寿灵寺、章谷乡西科寺、朱倭乡卡娘绒寺，道孚的灵雀寺、觉日寺与惠远寺。参：冉光荣. 中国藏传佛教寺院[M]. 北京：中国藏学出版社，1994：107.

总体来看，整个康巴藏区几乎没有单一教派的地区存在，大部分地区都处于三个以上教派交融并存的状态。横断山系的复杂自然地理环境与中央"多封众建"羁縻政策共同导致的多元化政权格局，以及土司们实行的"兼容并蓄"政策，为各教派在此平等发展提供了自然基础和政治保障，加之远离卫藏中心的区位条件，格鲁派影响力减弱，也使得苯教与宁玛等早期教派在此获得了较大的发展空间。

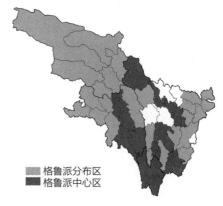

格鲁派分布区
格鲁派中心区

图1-12 康巴藏区格鲁派寺院分布示意图

1.4.2 苯、佛文化具有相容性

1. 苯教三界神灵体系也是藏传佛教的护法神

苯教根本经典《十万龙经》将世界分为天、地、水（地下）等三界（khms gsums），分别以"年（gnyan）""萨达（sa bdag）"和"龙（klu）"等三神作为三界的神主。对待这些神灵，人们只能勤加供养，不能有丝毫触犯，否则会受到神灵的惩罚。

"年"神主管雨水、雪雹、干旱等与天相关的一切自然灾害。最早可能是古羌人的羊图腾，《新唐书·吐蕃传》载："其俗重鬼右巫，事羱羝为大神"，"羝"表示公羊。《十万白龙经》中称，"年神占居于空中光明处，但其神通显示在人间的四面八方，到处引起瘟疫之灾。"其主要活动空间在高山峡谷之中，山是年神的附着之地，因此，山神也成了年神，如念青唐古拉山山神就被视为苯教的大年神。在藏族神话里，山神具有无比的威力，掌管风云雷电、牧物牲畜、耕种收获，并且是土地神、地方保护神、精灵、龙神等所有神怪共同的首领。山神崇拜自远古以来一直在藏族自然崇拜习俗中占有极其重要的地位，并建立有一套完整的神山体系。

"龙"神又称"水神（chu lha）"，主管人间的各种疾病。除了有水的地方，如河湖、泉水、沼泽、水井外，在树林、石崖、石包、土地甚至家中等一切与人们生产、生活有直接联系的地方都有龙神的居所。

"萨达"相当于土地神或土主，主管人世间的土地、花木、雪山等，是居住在地上的神，是土地的主人。在苯教经典中，"萨达"也属于龙神一类，它们对人的影响几乎相同，所以很难把龙神与萨达区分清楚，凡是土地神所在之地都有龙神居住。例如，土地中间突然露出一大堆带泥石包，就被认为既是土地神的聚集地，又是龙神的活动场所。

另外，家神（khyim lha）又称"房神（khang lha）"，有祖先神、灶神与火神等类型，也是苯教的原始神灵之一，有保护家人平安、发财致富的作用，其敬奉习俗也在藏区各地得到延续。

历史上，苯教作为原始本土宗教，崇尚万物有灵。而佛教作为外来宗教，在其本土化的过程中，为了消除当地人民的陌生感，缓和苯、佛之间的对立，在赤松德赞赞普时期，自印度迎请莲花生大师，对藏域佛教进行了改造。一方面，把苯教的仪轨注入佛教，并以佛教的观点加以解释和引导，如"苯教之中占卜推行祈福、禳祓等术，凡于生有利者即多存而未毁"，"将诸有害之苯教法术大半消灭"，从而使佛教日趋藏化。另一方面，将早期苯教中的"年"神和"龙"神纳入佛教中作为自己的护法神，藏语称之为"却迥（chos-skyongs）"，从而使苯教的神灵体系与佛教的神佛体系具有相容性。

与高原极端自然条件相比，人的力量微不足道，因此苯教自然神灵化的观念及其相应的敬镇习俗至今在藏区各地延续，以帮助人们建立对人居环境的归属感与安全感。佛教对苯教的这种妥协与融合，也使得几乎所有的苯教自然神灵观念为藏传佛教各派所承认与接受，相应的敬镇习俗至今仍延续在藏族人民的生产、生活习俗以及人居环境营造之中。

2. "曼荼罗"宇宙构成模式与苯教文化

"曼荼罗（Man-dala）"是梵文音译，也意译作"坛城"，是古代印度人对宇宙构成模式的认知图式，后为佛教所继承。据《佛国宇宙的空间模式》（王世仁，1991）考证，其构成在横向上以须弥山（又名"苏迷卢山"，Sumeru音译）为世界的中心，山顶有一主峰与四小峰，主峰中央为佛的住所，名"帝释宫"，四面有供佛菩萨游玩的四苑；日月都在须弥山的半腰旋转；须弥山四周为大海，在其南北东西四个方向对称分布有"四大部洲"和"八小部洲"，它们与须弥山共同构成"九山八海"；其最外一层是世界的边缘，名"铁围山"。在纵向上，据《中国佛教的宇宙结构论》（方立天，1997）考证，从大地往下依次为水轮、风轮、空轮，从大地往上依次为欲界、色界、无色界等三界诸天。《藏族大辞典》（丹珠昂奔等，2003）中载，佛教以这四大洲、八小洲、须弥山、日、月、风轮至三有之顶的色究竟天，为一个完整的小世界，称为"第四洲世界"，1000个这样的小世界可构成一小千世界，由1000个小千世界可构成一个中千世界，1000个中千世界构成一个大千世界。它包括10亿个由日、月、须弥山、大小各洲乃至色究竟天组成的小世界。由于佛教的大千世界与宇宙一样是无限广大的，因此，佛的国土也遍布各个方向，是至广至大、无边无量的。

此外，《东西方的建筑空间》（王贵祥，2006）一书指出，"曼荼罗"也可以表现为本尊主神居中、眷属众神环列聚集的形象，使得这个格局严谨的宇宙空间，犹如一个浓缩的佛国世界。密宗经典《大日经》《苏悉地经》《金刚顶经》中，记载了许多因时、因地而设的曼荼罗形式。

但《"曼荼罗"的两种诠释——吴哥与北京空间图示比较》（杨昌鸣、张繁维、蔡节，2001）一文指出，无论其空间组织方式如何变化，在空间意义上，都强调表现中心与边界，着重于凝聚和屏蔽，这也是"曼荼罗"的实质所在：以中心为主导向外辐射，以边界为约束向心凝聚，由此构成内聚外屏的神圣场所。藏传佛教密宗认为，在这样一个经过特别限定的、具有象征性内涵的场所中悉心修炼，既利于防止干扰，又有助于修炼者体悟到大宇宙和小宇宙的本来同一性。

《曼荼罗与佛教建筑》（吴庆洲，2000）一文指出，"曼荼罗"图式早在古印度的吠陀时代，就已被人们用于建筑、村镇乃至城市的规划设计，而使建筑、村镇、城市具有各种符号、图式和象征意义。藏传佛教密宗也以"曼荼罗"为基本平面来建造寺院，以表达佛教的宇宙观和哲理，早期的桑耶寺、托林寺萨迦殿都是模仿"曼荼罗"形式建造的。而立体"曼荼罗"形式则在大殿内部空间与外部形象的塑造上得到体现。

苯教也有类似的曼荼罗宇宙模式，认为世界在横向上是由许多相互联系的"方格"组成，每一个方格象征一个部落，在竖向上每个方格分为三层，代表天上、地上、地下三界，分别为部落的神、人、魔鬼所居。这些并立的方格，既反映了青藏高原在各部落分割独治、不相统率的实际情况，又象征着原始部落的独立平等关系。

苯教在佛苯斗争中失利后，借鉴佛教经典，进行系统改造。首先，在宇宙构成模式上与佛教具有相似性，如苯教经典《箴言宝库》载："最初，上一劫的二十千劫之光阴结束之时，万方起风汇聚于一处，形成了坚实而轻浮，又似十字的气层，其上空乌云密布，继而倾盆大雨，形成波涛大海。含有金属的水被大风搅动，形成金轮。其上瓢泼大雨，形成大洋，由此产生飓风，由飓风引起的尘土层层叠叠，大的形成须弥山[①]，中的形成七香山，小的形成四大洲，再小的形成八小洲。"其次，在世界的范围大小上也与佛教相似，是无限的，如《光明经》认为"十方大千世界居住十方净土佛"。

由此可见苯教与佛教具有相似的宇宙构成模式，并以无数具有同构关系的"曼荼罗"构成世界，因而苯教寺院的构成与建筑形态与佛教寺院类似，也强调环绕中心的聚集模式。

---

① 也有许多文献指出，苯教多以阿里地区的冈底斯神山取代佛教理想世界的须弥山，作为苯教宇宙观中的世界中心。

3. 苯、佛寺院组构模式具有一致性

苯教早期既无组织体系，又无系统教义，也没有举行祭祀与修法的寺庙。《中国藏传佛教寺院》（冉光荣，1994）一书指出，在苯佛斗争失利后，苯教才开始仿效佛教建立自己的寺院，其动机与苯教徒篡改佛经为苯经以求生存一样，也把建立寺院作为一种聚集力量，以图东山再起的方式。《西藏王统记》（索南坚赞，2000）中载："苯教兴于聂赤赞普，衰于止贡赞普，又盛于布德贡杰（嘉赤赞普），衰于赤松德赞。后有苯教大师聂钦·里学噶然自康区复燃苯教余烬，重入卫藏，开掘苯教所有密藏，建立日幸、大定、格定、安察喀、桑日、约塘等苯教寺院。"并在组织结构、机构设置以及僧众等级划分等方面同藏传佛教寺院具有一致性，体现出同样的组构秩序。

首先，在寺院组织模式上，各教派在其教区内，大都以一个寺院为中心，通过不断在周围地区建立下属寺院，逐渐扩展其势力范围。中心寺院与下属寺院的这种层级关系被十分形象地称为母寺和子寺的关系。如《苯波教简史——兼绰斯甲昌都寺概况》（李西·新嘉旦真活佛，2004）中载，位于四川省阿坝州金川县的苯教昌都寺，曾是绰斯甲土司的家庙，在近2万km^{2}范围内，下辖有40多座子寺，每年一度的祈愿大法会，各寺院都要派员参加。《甘孜州州志》（甘孜州志编撰委员会，1997）中载，宁玛派四大主寺之一的德格县竹庆寺，下辖寺院遍及五省藏区，普遍说法为100多座，噶举派在康巴藏区的第一大寺——德格县八邦寺有属寺108座。

这种联系紧密的层级式寺院组织结构，不仅便于中心寺院对辖区事务与宗教活动进行统一管理，而且直接影响到母寺与子寺的建制规模与大殿建筑形制。绝大多数情况下，母寺由于政治、经济与宗教地位较高，扎仓与僧众人数较多，设有较为复杂的组织系统与多级宗教、行政事务管理机构，从而形成规模庞大的寺院建筑群与宏伟的大殿建筑。而子寺由于僧众数量较少，组织系统简单，寺院的规模与大殿建筑等级同主寺差距较大。

其次，寺院主持活佛[①]或堪布往往集教务与政务权力于一身，是寺院最高权威的体现者，尤其是大活佛（或称"正活佛""住持活佛"），对此寺的兴盛、衰落往往具有决定性影响。这种僧团等级制度，使得藏区寺院活佛住宅在布局位置、规模大小、功能设置与装饰做法等方面，均显示出与寺院僧众的明显不同。

1.5
— ✤ —
社会形态

藏学界普遍认为，康巴藏区虽与卫藏地区在宗教上保持着密切的联系，但在政治上，自元代以来，这里就不再隶属于西藏地方政府，历代中央王朝在治藏政策上与卫藏区别对待，在社会形态上，形成了不同于卫藏地区的政教两权结合形式；在建筑文化上，形成了独特的官寨建筑形制，并带来聚落形态构成的相应变化。

1.5.1　土司制沿革

秦汉时期，今康巴藏区虽归附中央王朝，但与中原没有联系，史籍对这一地区的部落情况没有明确记载，仅知其地部落数量众多。在《史记·116卷·西南夷列传》（【汉】司马迁，岳麓书社，2001，第2版）中对西南少数民族地区的部落分布情况有如下记载：

---

① 活佛转世制度始于13世纪，噶玛噶举派在佛教灵魂不灭与轮回转世理论基础上，一改早期各派均实行师徒衣钵传承或家族世袭制，建立活佛转世制度。由于较好地解决了宗教首领的传承继嗣问题，所以各派纷纷效仿。

　　"西南夷君长以什数，夜郎最大；其西靡莫之属以什数，滇最大；自滇以北君长以什数，邛都最大；此皆魋结，耕田，有邑聚。其外西自同师以东，北至楪榆，名为嶲、昆明，皆编发，随畜迁徙，毋长处，毋君长，地方可数千里。自嶲以东北，君长以什数，徙、筰都最大；自筰以东北，君长以什数，冉駹最大。其俗或土著，或移徙，在蜀之西。自冉駹以东北，君长以什数，白马最大，皆氐类也，此皆巴蜀西南外蛮夷也。"

　　隋唐时期，出现了大小邦国。《旧唐书》(【后晋】刘昫、张昭远等，中华书局标点本，1975年版）对其中之一的东女国有如下记述：

　　其地有"东女国，西羌之别种……俗以女为王。东与茂州、党项接，东南与雅州接，界隔罗女蛮及白狼夷。其境东、西九日行，南北二十日行，有大小八十余城，其王所居名康延川，中有弱水南流，用牛皮为船以渡……"。其"俗重妇人而轻丈夫"。"女王号为宾就，有女官，曰高霸，平议国事。在外官僚，并男夫为之……若大王死，即小王嗣立……无有篡夺"。

　　唐时，各邦国部落为吐蕃占领，统一服从吐蕃军队首领的统治。公元9世纪，吐蕃王朝崩溃后，"族种分散，大者数千家，小者百十家，无复统一矣"。除少部分地区内附宋王朝外，大部分地区仍由原吐蕃军队首领所控制，开始形成割据局面。

　　元代，在藏区"因其俗而柔其人"，推行"僧俗并用，军民通摄，土官治土民"的少数民族羁縻政策，实为土司制之先河。在中央设立总制院（后改为宣政院），统一管理全国佛教事务与藏族地区的政教事务。其下设3个宣慰使司都元帅府，其中，"吐蕃等路宣慰使司都元帅府（简称朵甘思宣慰司）"管辖今康巴藏区大部分地区，"长河西鱼通宁远宣慰司（简称明正土司）"管辖今四川省甘孜州东部的康定、九龙、泸定等地,"罗罗宣慰司"管辖今四川省凉山彝族自治州木里藏族自治县。其下再设宣抚司、安抚司、招讨司、万户府等地方机构,并"参用土酋为官",形成众多大小土司各领其地,互不统属的局面。《甘孜州州志》(甘孜州志编撰委员会,1997)中载,土司们"'世官其地,世有其土;土民世耕其地,世为其民'。土司在其辖区内拥有政治、经济、军事等方面至高无上的地位和权力,是世俗封建领主,也是封建农奴主统治集团的总代表。"一方面,中央王朝对归附的各少数民族或部族首领假之以官爵,宠之以名号,使之仍按原有风俗管理其辖区,即通过土著首领对民族地区实行间接统治;另一方面,各民族或部族首领必须服从中央王朝的领导,并按期上交象征性的贡赋,即承担一定的政治、经济与军事义务。

明代基本承袭元制,"封诸酋为王师官长,领其人民,间岁朝贡"。据《明史·土司列传序》载,之所以建立分散的政权格局,"其道在于羁縻",仅对原有辖区分布格局略作调整。如洪武元年(1368年),在河州设西安行都指挥使司管理藏区,下辖河州卫、朵甘卫与乌思藏卫。洪武七年(1374年),升设甘孜、德格、昌都一带的"朵甘卫"为"朵甘行都指挥使司",下设2个宣慰司、1个元帅府、4个招讨司、13个万户府、4个千户所。

清袭明制,继续推行"土官治土民"的羁縻政策,并在对康藏地区多次用兵与招抚境内众多部落的过程中,进一步加强土司制度。如从清初到嘉庆的150年间,在四川省甘孜州共分封土司122员;到清代中期,仅嘉绒藏区就先后授封了18位土司。在清代土司制中,虽然土司机构与官职有所区分,但各有自己的辖区,直接接受中央政府的指挥,相互间互不统属。有指挥司、宣慰司、宣抚司、安抚司、招讨司以及长官司等多个管理机构,分别设立正三品的指挥使、从三品的宣慰使、从四品的宣抚使、从五品的安抚使、从五品的招讨使以及正六品的长官使等职位;而在内部则由土舍、头人等负责管理辖区地方事务。

尽管历代对土司的称谓有所不同,但只是称呼上的变化,在本质上,中央对民族地区的政策导向与管理方式是相同的。明代称土官,清代称土司,清末赵尔丰实行改土归流后,设土屯、土弁以及千总、守备取代土司,但由于时值清廷衰落与四川军阀混战，无暇顾及改土归流的实行情况，实质上仍是维持原先的土司制。

另外，清雍正以后在藏族牧区部落中推行"千百户制度"。其管理方式是按照户数，划定地界，一般每一千户任命一千户长，每一百户任命一百户长，不足百户者设百长，千户之上又设一总千户总管。千户长与百户长们既是各自部落的首领，又是封建政府在当地的执政者，有司法权，负责管理部落中所有事务。虽然千百户制度与农业区的土司制度存在差异，但实质上均为世袭的部落首领兼朝廷命官，故而普遍将其视为土司制中的一种。

土司衙门称为"官寨"，是土司制下形成的独特建筑形制，也是土司家人与机构成员平时居住、办公、经商以及进行宗教活动的场所。官寨与所在聚落民居的基本格局关系正如《四川藏族住宅》（叶启燊，1992）中所载："这些官寨建筑，除它本身的宏大楼房之外，在它周围建有高碉及许多差巴、娃子的住宅。如阿坝县格尔登官寨、汶川县瓦寺官寨、黑水县芦花官寨、马尔康县官寨、卓克基官寨、小金县沃日土司官寨、周山官寨、党坝官寨、甘孜县孔萨官寨、麻书官寨、朱倭官寨、瞻对官寨、巴塘大营官寨等，都有同样的表现。"

1.5.2 政教两权的结合形式

在康巴藏区大部，由于土司制根深蒂固，土司掌握着全部土地资源，寺院的存在与发展还要依靠世俗农奴主的支持和经济援助，而土司、头人也需要利用宗教来维护其封建统治。由于各地土司或寺院势力的强弱以及不同时代中央政策引导存在差异，而使康巴藏区各地政教权力组合形式存在一定差异，呈现出一定的复杂性。

1. 以土司为主导的政教合一制

康巴藏区大部分地区一直实行以土司为主导的政教合一制，政教两权始终掌握在土司本人或其家族（如兄弟、父子、叔侄等）手中。"寺或寺中主持，咸为敕修钦封，其世代相传，又极多为土司、头人家子弟，甚至即其本人"。①

如《藏传佛教寺院资料选编》（周锡银、冉光荣，1989）中记载，卓克基土司（嘉绒藏区）规定，辖区内"各教派都属土司管，大、小寺庙负责人的决定，必须通过土司。群众上的'功德'，要提一份给土司，喇嘛要去土司处当念经差，扎巴和喇嘛要去服侍土司，扎巴和喇嘛还俗，要得到允许才行。总之，宗教权是被土司掌握的。"绰斯甲土司（嘉绒藏区）也规定，辖区内最高宗教首领"郎宋""由土司的亲兄弟或土舍充当。在土内等级与土司平行，分别管理政治与宗教，凡俗人归土司管，凡僧人归郎宋管。名义上不受土司统治，然实际上是一体，互相依靠，互相支持。"德格宣慰司（土司）的家法规定，"长子出家为更庆寺住持，次子承袭宣慰司职位，其余诸子一概出家到更庆寺为上层喇嘛；如果是独子，就是兼宣慰司和更庆寺住持两职。更庆寺是当地的花教宗寺，也是德格宣慰司的家寺，因之宣慰司能操纵当地的花教诸寺。宣慰司所能控制的不仅是花教，他还通过经济笼络手段间接地拉拢了其他教派的寺院。宣慰司特赋予当地四个教派（花、白、红、黄）的五个大寺以审核涅巴人选的权利，借此把僧俗统治集团更紧密地连接起来。"炉霍土司则任命其弟为寿灵寺主持，并于寺院大经堂的二楼设置土司寝宫、头人议事厅以及土司经堂。明正土司辖区内的金刚寺"过去一直是明正土司的家庙……明宪宗十三年（1477年），明正土司之子甲白色特确活佛主持该寺。"

而在康巴藏区各地牧区，自清雍正以后，普遍推行千百户制度。尽管这些地区的政教合一并未彻底消失，但明代与清初授封的国师、禅师等名号被取缔，寺院的治民特权被取消，千百户显然成为地区政教合一的主导力量，均体现出与卫藏地区政教合一制的区别所在。

2. 寺院与土司政教联盟制

在寺院与土司实力相当的地区，则实行政教联盟制。土司与寺院相互依赖，

---

① 引自：周锡银，冉光荣. 藏传佛教寺院资料选编[M]. 成都：四川省民族事务委员会，1989：115.

联系密切，不仅寺院上层僧侣可直接参与政权的管理，处理地方世俗事务，而且地方政权头人也可派遣子弟、亲属或亲信入寺为僧，参与寺院管理工作。

如《藏传佛教寺院资料选编》（周锡银、冉光荣，1989）中载，位于四川省甘孜州甘孜县的大金寺，一方面"与林冲、朱倭、贡隆、扎科四乡土司、头人等封建统治者有密切之关系……这些封建统治者均为该寺之大施主，赠予大量土地和科巴。同时，这些土司、头人之子弟又多在该寺出家，即为掌握寺庙权利的上层喇嘛，实际上，他们已结成政教联合统治。"

再如《藏区土司制度研究》（贾霄锋，2007）中载，在云南省迪庆州的中甸地区，"由归化寺'扎仓'八大老僧和二十三员土司中的'弟巴''神翁'组成的'吹云会议'，是土司农奴主和僧侣贵族联合专政的最高统治组织，管理整个中甸地区的政治、经济和军事，全中甸的寺院及营官、千总、把总均受其指挥"。

3. 以寺院为主导的政教合一制

自明代以来，中央政府采取"多封众建，尚用僧徒，分而治之"的政策，将各地大寺的寺主授封为法王、国师，并授以属地，大力发展宗教势力。

格鲁派统治时期，藏传佛教政权的政教合一制得到完善，并在康巴藏区部分宗教势力强盛的地区逐渐形成一些以寺院为主导的政教合一制地区。这时，寺院教权凌驾于世俗政权之上，呈现为由寺院活佛充任地区最高政治首领，统辖众土司的独特局面，在处理政治、经济、社会、军事、法律以及民间事务等方面都以佛教教义为基本准则，并把服从宗教领袖、遵循佛教教义作为最高原则。

如在今西藏自治区昌都地区，清初册封了四大呼图克图[①]，之后，又将贡觉、边坝、芒康、左贡、洛隆等县划归西藏，作为清政府给达赖喇嘛的香火地，从而使昌都地区大部成为与卫藏地区相似的、实行以寺院为主导的高度政教合一制的地区。

---

① 四大呼图克图包括昌都强巴林寺的帕巴拉呼图克图、察雅烟多扎西曲宗寺的罗登西绕呼图克图、类乌齐扬贡寺的帕曲呼图克图，以及八宿桑珠德青岭寺的达察济隆呼图克图。

再如，在格鲁派具有绝对优势的四川省凉山彝族自治州木里藏族自治县亦实行以寺院为主导的政教合一制。由大喇嘛身兼土司职位，总揽当地全部政教大权，其下属各级官员都必须由僧人出任，土司衙署在木里三大寺之间轮流办公。《藏区土司制度研究》（贾霄锋，2007）一书中载："土司活佛及首脑部人众，逐年轮住于木里、挖耳、康乌三大半（俗称三大经堂），此三大寺即三大衙门。"

但也有部分寺院在长期发展中势力不断得到增强，逐渐从土司制为主导的政教合一形式或土司与寺院政教联盟形式，发展成为以寺院为主导的政教合一制地区。如位于今四川省甘孜州理塘县城区、兴建于明朝万历年间的格鲁派长青春科尔寺，早期一直处于理塘德瓦土司的控制之中，直到清末赵尔丰"改土归流"以后，由于土司、头人的势力被大大削弱，才在一些小土司与头人们的大力支持以及西藏上层的帮助之下，得到迅速发展，并最终成为康南地区最大的以寺院为主导的政教合一制中心，号召力远达今康南各县以及康北德格、白玉等县。再如位于四川省甘孜州甘孜县的格鲁派甘孜寺，早期实行政教联盟，寺院"与麻书、孔莎两土司关系尤为密切，为该两土司及所属头人子弟出家之处，而土司、头人子弟在寺中又多为上层掌权喇嘛。"后来麻书土司绝嗣，孔莎土司又无正统世袭继承人，使得两土司辖区的统治权实际上控制在甘孜寺手中，并发展成为今康北一带以寺院为主导的政教合一制地区。

土司与寺院控制的辖区各有自己的行政管理模式与经济流通渠道，呈现出以土司官寨为主导、以寺院为主导，以及土司官寨与寺院并置等多种聚落构成形式。

1.6

族源构成

康巴藏族是由当地土著同以卫藏地区藏族为主的其他族群长期融合形成的藏民族支系。康巴藏区作为历史上著名的藏彝民族大走廊的核心区，自古以来就是南北民族迁徙与留居的主要区域，不同民族或族群在此传播、碰撞与融合，横断山系复杂的地理条件与藏区边缘的区位特点为其存续提供了必要的生存空间与政治保障，表现出不同于其他藏区的族源构成特色。

1.6.1　土著诸羌奠定文化基石

考古证实，旧石器时代晚期即大约1万~2万年前，在川西高原的雅砻江流域、大渡河流域已经存在古人类的活动踪迹，他们主要活动和生存于川西高原的河流阶地、河谷盆地及洞穴地带，并以狩猎、采集为主要生计方式。他们主要是从黄河流域地区沿甘青高原南下的北方原始人群系统，并将源自于华北地区的小石器和细石器传统带入了康巴藏区。

新石器时代，甘青地区就已形成氐羌原始族群。他们种植粟米，饲养牛羊，居住半地穴式房屋，使用斜肩石斧和螺旋纹、贝纹彩陶，实行石棺葬和火葬。其中，一部分氐羌族群沿着横断山系向南迁徙，到达西藏高原、云贵高原乃至东南亚某些国家，并与沿途的土著文化融合，成为这些地区先民的重要组成部分。这一时期的考古可以澜沧江流域的西藏自治区昌都地区昌都县卡若遗址与大渡河流域的四川省甘孜州丹巴县罕额依遗址为代表。

秦献公时期（公元前424年~公元前362年），又一批古氐羌族群自西北河湟一带沿横断山系南迁。据文献记载，南迁的氐羌支系有"牦牛种，越嶲羌""白马种，广汉羌"与"参狼种，武都羌"等三大支，《藏族早期历史与文化》（格勒，2006）考证，其中的牦牛种羌经今青海玉树一带沿雅砻江而下，其中，一部分留居雅砻江流域，并发展成为《史记·西南夷列传》中所记载的"筰"人部落集团，"自嶲以东北，君长以什数，徙，筰最大"，其分布范围大致在今滇西以东北与四川凉山州西昌以北的地区，并经过长期演化，成为今天的"扎巴（vdra-pa）"人或"杂（rdza）"人；另一部分在今甘孜、新龙、雅江一带分支，经丹巴、大小金川和马尔康进入汶川、茂汶等地，这一地区所发现的尔龚语、石棺葬以及用牦牛命名的地名、村名和牦牛图腾残迹就是他们迁徙途中留下的文化遗迹。

据汉文史书统计，唐以前在康巴藏区范围内繁衍生息着数目繁多的诸羌部落，密度达"百里之外逾数十国"，其中较著名的有牦牛夷、白狼、附国、党项、白兰、嘉良夷、东女等。

由于融入了氐羌民族成分，因而学术界大多数学者将包括康巴藏区在内的整个青藏高原地区归为泛羌地区。正如《史记·西南夷列传》所记："西南夷君长以什数……皆氐类也。"

对比史书对早期诸羌时期建筑文化的记载与康巴藏区的建筑，可以明显看出两者在形式与工艺上的渊源关系，如碉房形态、建造方式、尚白习俗、装饰题材、人字形屋顶支架等至今仍在延续，并成为这些地域碉房文化特色的重要组成部分。

1.6.2　吐蕃藏族统一主流文化

公元7世纪后，吐蕃东扩，以武力占领今康巴藏区，到公元670年唐蕃大非川战役结束，吐蕃"尽收羊同、党项①及诸羌之地，东与凉、松、茂、篇等州相接"，其统辖范围已向东推进到今岷江上游、大渡河上游及中游一带，正式归为吐蕃版图中"下部多康"的"康"区。

除了采取军事征服和政治手段将过去处于分散状态的诸羌部落联结成一个整体，并成为"大蕃"的一个组成部分外，吐蕃王朝还通过移民，加快在经济、文化、心理、血缘等方面与卫藏的融合。青藏高原各地相近的生产生活习俗客观上也为吐蕃藏族对诸羌部落的同化创造了地缘与文化基础②。

---

① 党项是一个活跃在我国西北地区的古西羌民族，最早出现在北魏、北周之际，后建立附国。据《旧唐书·西域传》载："其界东至松州，西接叶护，南杂春桑，北连吐谷浑，处山谷间，互三千里。"大致分布在今青海与甘肃的南部、西藏的东部以及四川西部的阿坝、甘孜两个藏族自治州等地。

② 《试论康区藏族的形成及其特点》（石硕，1993）一文指出，吐蕃军队的每一次东征，都是吐蕃本土各部落的一次民族迁徙活动。《安多政教史》中载，吐蕃"从军中挑出九名勇士，率部驻扎在霍尔与藏区之交界处，令其弗接藏王圣旨，不准返回。因之，他们的后裔就称嘎玛罗（Ka-ma-log）。"如今天广泛分布于川西北地区的嘉绒藏族，在其语言中就大量保留了吐蕃时期古藏语语音，与上述记载相吻合。

随着苯教与藏传佛教的广泛传播，10世纪以后，两地人民在文化心理和语言上最终趋于一致，标志着康巴藏族的最终形成与融入卫藏主流文化，并伴随宗教建筑的营造进一步加强了两地碉房体系的交流与融合。

1.6.3 其他民族文化的融入

元以后，周边地区的纳西、蒙、汉、回等民族相继以商贸、战争等方式进入康巴藏区中的部分地区，并与当地藏族族群相融合，进一步加深了康巴藏族族源构成和地域文化的复杂性和多元特色。

如《甘孜州志》（《甘孜县志》编撰委员会，1997）中载，明初，云南丽江纳西族首领木得在明王朝的支持下，于明万历五年（1577年）至崇祯十二年（1639年），曾一度将其势力扩展到迪庆州，并向北延伸到今四川省甘孜藏族自治州南部与东部以及西藏自治区昌都地区南部。采取"设'宗'（相当于县）统治，除派一大头人驻扎巴塘，还以巴塘为中心建立得荣麦那（得荣）、日雨中咱（巴塘中咱区）、宗岩中咱（宗岩）、刀许（波柯）、察哇打米（昌都地区盐井）等五个'宗'进行统治。"据《纳西族与藏族历史关系研究》（赵心愚，2003）考证，到明末，蒙古和硕特部首领固始汗率军摧毁了木氏土司在康巴藏区的统治，大部分纳西族返回丽江，仅有少部分留居原地，由于木氏土司势力衰微，到20世纪30年代时，美国学者洛克到滇西北藏区及今西藏自治区昌都地区芒康县盐井境内考察时，看到的更多是纳西族融入藏族之中。在四川省甘孜州的"乡城、稻城、得荣、巴塘一带，当年纳西族移民的绝大多数后裔已渐成为藏族，习俗、服饰以及语言都与当地藏族没有什么区别，连当地的藏族人也只能从过年是否按纳西族传统习惯才一知其是否为纳西族后裔，不少地方只有一些地名还反映出这些地方当年是纳西族居住的地方，现在的居民皆为藏族了。"这一地区碉房外墙普遍采取全部刷白的做法，就明显受到纳西族"尚白"习俗和民居外墙刷白做法的影响。

明末，蒙古和硕特部首领固始汗率兵从青海南下，击溃原甘孜白利土司，占领甘孜平原及德格一带，册封七位王子，令其在今甘孜、炉霍一带游牧，史称

"霍尔七部"[①]。青海地区的蒙古瓦述部落也随之入境，并游牧于今四川省甘孜州色达、石渠、甘孜、炉霍、新龙、理塘、道孚等县草原上。由于蒙古自元代开始信奉藏传佛教，习俗上与藏族相近，但从其分布地区碉房外墙不用黑色的现象推测，应与蒙古族"崇白憎黑"习俗有关。

明清时期，回、汉族士兵与商人开始沿"茶马古道"进入并定居于沿线部分中心城镇与关隘；清乾隆大小金川战役之后，今四川省阿坝州金川与小金等县的汉族移民逐渐增多；到清末，赵尔丰实行"改土归流"，再次从内地大量移民于此。川西平原的穿逗式木构架与小青瓦屋面做法也随之带到汉族聚居区，并逐渐成为当地藏族碉房的营造材料。而回族由于宗教文化与生活习俗同藏族差异较大，与藏区碉房的相互影响极小。

---

① 据《藏族大辞典》(丹珠昂奔等，2003)载，"霍尔"藏语意为"胡"，泛指西藏北方的游牧民族。明崇祯十二年（1639年），蒙古和硕特部首领固始汗自青海起兵征服全藏。令其子孙分居于青海与喀木（康区）二处，来往于前后藏地方，控制全局。在四川省甘孜州甘孜、炉霍等县一带，有固始汗子孙住于孔萨、麻书、白利、东谷、杂科、章谷、朱倭等地，世称"霍尔七部"。

康巴藏区地处横断山系，独特的自然地理环境、生产方式、交通条件以及人文历史，使这里的聚落群在"大分散、小聚合"的总体聚居特征上，呈现出相异于卫藏、安多藏区的分布规律。土司与活佛在地方社会组织、文化教育、生产流通等领域居于主导地位，土司官寨与寺院成为辖区聚落群组织的两大核心，其聚落选址与布局模式乃至文化取向上也相异于普通生存型聚落。

2.1

— ❖ —

人口分布规律

土壤类型决定可生长的植被类型，进而决定相应的生产方式和人口分布规律。康巴藏区的土壤属于"青藏高原高寒地区的高山土壤群系"，由于受地质地理因素影响，大部分土壤发育处于原始阶段。因气温随海拔每升高100m会降低0.6℃，不同土壤类型的垂直分布规律较水平和区域性分布规律更为明显和统一（表2-1），因而不同海拔区间有各自适宜的土地利用模式和生产方式。一般来说，牧业主要分布在海拔较高的高原宽谷地貌区和高海拔山地草场，农业主要分布在海拔较低的高山峡谷和中等切割高原宽谷地貌区，相应的人口分布规律是牧区地广人稀，农区人口相对密集。受地形和寒冷气候的限制，农业产量较低，因而农区聚落具有小而多的特点，并在河谷沿线台、阶地上呈串珠状随机分布的形态特征。此外，人口密度还受到用地条件和河谷走向的共同影响，用地条件宽裕之处人口密度增加，南北走向河谷利于印度洋暖湿气流进入，气候相对温暖，农业产量高，更加宜居，人口密度也较东西走向河谷更高。

四川省甘孜州土壤类型分布与用途表　　　　　　　　　表2-1

土壤类型	分布海拔/m	用途
高山寒漠土	4700~5100	不能利用
高山草甸土	4200~4700	重要的草甸植被土壤
亚高山草甸土	3500~4200	重要的草地土壤

土壤类型	分布海拔/m	用途
棕色针叶林土	3400~3900	重要的森林土壤
褐土（含黄棕壤、山原红壤褐土）	2000~3600	重要的耕作土壤
其他（石质土、沼泽土、泥炭土）	分布零散	不能利用

2.1.1 人口密集区V字形分布格局

康巴藏区总共包含43个县[①]，据1996年前后的人口统计，除地处高原草原区的青海省玉树州西部的杂多、治多、曲麻莱等3县人口密度不足1人/km²外，其余各县人口密度大都在2~14人/km²之间。其中，2~6人/km²和6人/km²以上的县各有20个（图2-1）。从地图上可以看出，人口密度分布格局基本与康巴藏区地形地貌格局以及农、牧业分布格局相对应，即高原宽谷地貌区地广人稀，以牧业为主，高山峡谷地貌区用地局促，以农为主，人口相对稠密。

6人/km²以上的20个县中有18个县都分布在横断山系四大流域高山峡谷地貌区中，形如一个"V"字（图2-1）。其东翼为大渡河—雅砻江片区，涵盖大、小金川流域的嘉绒藏区各地、雅砻江下游的木里县以及两江交汇区的康定、九龙两县；西翼为金沙江—澜沧江片区，涵盖昌都地区的类乌齐、昌都、察雅、贡觉、芒康等县，甘孜州的得荣县以及迪庆州的德钦、中甸两县。

东翼地处于青藏高原东部边缘，在自然条件上具有相似性，河谷深切、

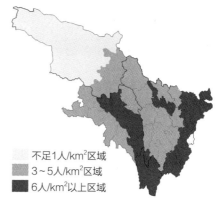

图2-1　康巴藏区人口密集区V字形
分布格局示意图

不足1人/km²区域
3~5人/km²区域
6人/km²以上区域

[①] 四川省甘孜州泸定县因汉族人口占90%以上，故未计入。

海拔陡降，土壤基带垂直分布明显，气候温和，水源充足，可兼营农、林、牧业，土壤肥力高，单位面积土地的产量更高，从而为人口聚集提供了基本生活保障。除九龙县因地处大渡河—雅砻江分水岭，可利用耕地面积少，人口密度不足7人/km²外，其余各地人口密度普遍在8人/km²以上，个别区域甚至高达13人/km²。而西翼中的西藏自治区昌都地区和四川省甘孜州部分地区受焚风效应影响，年降雨量不足500mm，且海拔也较东翼两江片区高，限制了农业发展，人口聚集效应减弱，人口密度在6～8人/km²。

　　四川省甘孜州炉霍、甘孜两县是高原宽谷地貌区中的特例。由于雅砻江上游鲜水河河谷广阔、绵长，平均海拔在3200～3400m，虽不宜于农耕，但印度洋暖湿气流可沿河谷逆流而上，使得雪线升高，可实现一年一收，属高原寒农区；加上该地历史上是川藏茶马古道北线进出青海省玉树州的门户，也是整个北部以牧为主的高原宽谷地貌区进出东部以农为主的高山峡谷地貌区的重要枢纽，商贸相对发达，故而人口密度相对较高，达6～8人/km²，为康巴藏区中高原宽谷地貌区之最。

2.1.2　人口密度最高区——嘉绒藏区

在整个康巴藏区中，地处岷江上游和大渡河上游的嘉绒藏区人口密度最高，三分之二的地区达到12人/km²以上（图2-2），除因高山峡谷地貌区河谷深切、气候更宜农外，清乾隆两次金川之役后，内地汉族不断移居此地，先进的农耕技术得以在此推广，产量明显高于当地传统的粗放耕作方式，现留存于大、小金川各地的汉族传统木构建筑和老街就是这些移民的聚居地。

■ 人口密度最高区

图2-2　人口密度最高区——嘉绒藏区
分布示意图

2.1.3　茶马古道三大交通枢纽具有人口聚集效应

康巴藏区是历史上著名的藏汉茶马古道川藏线和滇藏线的核心区，其中作为枢纽的西藏昌都、四川康定和云南中甸等三县，时至今日，仍因其明显的区位优势和交通辐射能力，人口聚集效应明显（图2-3）。

地处西翼南、北两端的今西藏自治区昌都地区昌都县和云南省迪庆州中甸县是西翼人口密度最高的两县，分别为8.5人/km^2（2000年统计数据）

■ 茶马古道人口高密度分布点

图2-3　茶马古道三大交通枢纽
分布示意图

和10.5人/km^2（1990年统计数据）。其中，北端的昌都县地处澜沧江上游昂曲与杂曲交汇处，南接滇藏线和川藏南线，东连川藏北线，西通拉萨，北达青海省玉树州高原牧区，交通辐射力强，是往来康、藏的必经之地。但因海拔较高，且河谷地带受焚风效应影响，农业欠发达，所以任乃强先生在《康藏史地大纲》中记述，新中国成立前，该地市民虽仅有约600户，市况与当时的四川省甘孜州甘孜县和巴塘县相当，但因其交通辐射优势的持续作用，到20世纪50年代该地已发展成为西藏东部的商贸中心。南端的中甸县地处横断山脉腹地的三江并流区，是明代茶马古道滇藏线的重要起点，交通可辐射滇、川、藏三省区，商贸往来不断吸引人流聚集和留居，加上相对优越的自然条件，使得该区域内有藏、汉、纳西等25个民族，人口密度居西翼和三个交通枢纽地之最，发展潜力巨大。

地处东翼中部的四川省甘孜州康定县是康巴藏区东端门户，从雅安到此后，可分别沿川藏北线与南线进藏，此外还可走小道向北经丹巴、小金到灌县（今都江堰市），或向南经九龙、木里到云南丽江，明显的区位优势使之成为汉藏茶马互市的总汇之地。历史上，藏区各地土司、寺院纷纷在此设立商贸中介机构——

"锅庄"，民国时期，数量达48家之多，堪称当时川边首邑。但县域西部为木雅草原，农业不够发达，故而拉低了县域人口密度，仅为8.3人/km²（1990年），在东翼中仅高于相邻的九龙县。

2.2

— ❖ —

聚落体系构成

聚落体系的建构须满足基本生存需要，在落后的技术条件下，只能因地制宜，选择适宜的生产方式。就康巴藏区而言，不同地貌类型和土壤类型的分布规律决定了不同植被类型的垂直生长范围，继而决定不同海拔区间适宜的生产方式和与之对应的生活模式。

一般来说，高原宽谷地貌区以牧为主，地广人稀，牧民搭帐篷，"逐水草而居"，游走在冬、夏牧场之间。而高山峡谷地貌区以农为主，聚族而居的定居聚落沿河谷各级台、阶地上呈串珠状立体分布，仅在林带以上的高海拔区分布有少量高山草场，《四川藏族住宅》（叶启燊，1990）中记录的简陋居住建筑形态——"冬居"就是高山牧场牧民们的季节性居所形式。西藏昌都卡若和四川丹巴中路两处新石器时代遗址均分布在河谷低阶台地上，证明高山峡谷地貌区才是以农为主的定居聚落发源地。

根据海拔与气温的对应关系，高原宽谷地貌区中海拔3600m以下的河谷地带也可种植青稞等耐寒作物，故形成农牧兼营的定居聚落，最具代表性的是雅砻江上游鲜水河流域的甘孜—炉霍—道孚三县一带的聚落，其农业虽不如高山峡谷地貌区发达，但河谷坝区的农作物秸秆和山原面草地可提供冬季饲料，不用长途跋涉转换草场，故而牧业仍占有较大比重，这点从当地的民居形态上也可看出。另据民族志资料，高原宽谷地貌区的农业大都源自峡谷农区的传播或历史上周边高山峡谷地貌区族群的迁徙，故而判断这里定居聚落的形成相对较晚。

在满足生存的基础上，与社会形态对应，核心聚落逐渐从普通生存型聚落中分化出来，并按照社会秩序组建起能有效运作的聚落体系。下面我们结合史料来探讨康巴藏区的聚落体系构成。

2.2.1 以官寨与寺院为核心的聚落体系组织模式

1. 官寨与寺院在聚落体系组织中的核心作用

据史书记载，秦汉到隋唐，康巴藏区各地分布的均是实行氏族部落首领制的泛羌部落，直至松赞干布率军东扩，将其纳入吐蕃版图。到元代，中央王朝在少数民族地区推行"土官治土民"的少数民族羁縻政策，首开土司制先河。同时，萨迦派主持人八思巴被元世祖忽必烈册封为帝师，掌握西藏政教大权，政教合一制度由此萌生。明清以来，在"多封众建"的羁縻政策导向下，康巴藏区的土司制得到进一步加强，藏区的政教合一制度在此更带有政教联盟制色彩，土司与寺院活佛共同成为占有全部土地（包括耕地、草场、森林、山脉、河流与营地等）、依附于土地上的农奴以及把持辖区工商业的权力中心，其所居的官寨与寺院则成为控制与解决地方性事务的政务中心以及物资流通的经贸中心。另外，寺院还是地方性的宗教、文化、教育与医疗中心，这一社会体系建构特色也深刻影响着康巴藏区聚落体系的组织模式。

1）官寨与寺院是辖区行政管理的中心

据《阿坝州州志》（阿坝藏羌自治州志编撰委员会，1994）载，土司、头人[1]和寺院上层喇嘛两大僧俗势力拥有辖区全部土地、牧场和森林资源及其支配权，而约占总人口90%的农奴承租土地，对其不仅有经济依附，还有上粮、当差等义务。1959年民主改革前，阿坝州每户农奴大约有2个劳力常年为农奴主支

---

[1]《藏传佛教寺院资料选编》（周锡银、冉光荣，1989）一书指出，头人原指"地方土酋"，早期不属于中央政府敕封的土官职务，到清初时，才演变为由土司封赠给部属的世袭贵族称号，以及相应的土地、百姓和各类土职官位。头人阶层是辖区中享有特权的实权人物。

差，为其无偿提供种地、砍柴、修房、酿酒、制造用具、托运物资以及充当随从等劳役，每年费时长达3~5个月。

为了便于管理辖区，土司与寺院均在各自的辖区内，设有一套健全的行政管理体制。一般按照土司/寺院—头人/宗本—村寨首领的层级关系，对辖区聚落的行政、财政与司法事务等方面实行全面管理，以保证土司、寺院的命令能得到深入贯彻执行。

其中，土司与寺院活佛负责掌控整个辖区的政治、军事、经济大权，头人则负责纳粮、支差以及维护土司、寺院的统治。其中，头人又分为大头人和小头人两种。大头人是土司权利的代理人，但人数不多，小头人是百姓的直接管理者，数量较多。有些地区在土司或寺院之下设置军政合一的边防机构——"宗"，并设置称为"宗本"的官员来管理地方的行政、军事、差徭等事务，虽然机构与官职称谓在形式上有所变化，但实质上仍是土司或寺院活佛从下辖的大头人中选拔出来的代言人。如西藏昌都地区昌都寺帕巴拉与察雅寺罗登喜饶两位呼图克图的辖区内，首先在寺院内设"拉让"，作为管理辖区全部行政、财政与司法事务的最高行政机构，其下再设小"宗"或"拉桑"驿站类的行政单位，由相当于头人一级的"宗本"进行管理，其下再设"村"，由相当于村寨首领、村长的"甲本"进行管理。在实行土司制的地区，设"寨"作为基层行政单位。一寨常有若干名村寨首领，他们除负责办理土司、寺院活佛指定的事务外，还给大头人当小管家，负责管理各自村寨的生产、派差、调解纠纷、诵经求雨以及祭祀山神等事务。如第十二代德格土司登巴泽仁在辖区设有大头人30个与小头人80个，分别负责管理25个农业宗和43个牛场部落。

2）官寨与寺院是辖区物资流通中心

藏区自然条件恶劣，自然灾害多，加之教派、部落间时有冲突，经济发展缓慢，生产水平和产量低，农牧业均要靠天吃饭，可供交换的物资非常有限，直到民主改革前，整个康巴藏区中的绝大部分地区都没有初级市场，更谈不上设置固定的集市贸易场所[①]。农、牧区之间仅存在定期的以物易物的交换方式，在每年秋收之后，牧民自行以土畜产品、奶制品到农区换取青稞等农产品，而土司、头人和寺院活佛则利用特权控制着辖区茶、布、盐、铁等生活、生产必需品的流通渠道，农牧民只能用手中的土特产品到官寨与寺院中进行物物交换。如四川省甘孜州康定县著名的"锅庄"，即是土司、寺院把持各自辖区物资流通渠道的中枢机构。据《甘孜州州志》（甘孜州志编撰委员会，1997）载，康定"锅庄"的兴建最早始于明代，主要用作当地明正土司辖区内各地头人们觐见时的驻节地，同时也兼作各地商旅来此交易时的住宿地，锅庄的经营者为负责明正土司商贸事务的家臣。到清代，按照政府"边茶引岸"政策的规定，藏汉间进行边茶贸易，必须止于康定县城。康定县城由此成为整个川藏南北两路边茶贸易的总汇和藏汉商贾云集的贸易中心，推动"锅庄"向商贸活动服务中介地的方向发展，最初仅有4家，最盛时发展到了48家之多。从事商业活动的藏商主要为寺院僧商、土司商、头人商及一般的藏商。据统计，寺院商占75%以上，在极盛时，藏区有一半寺院都参与经商，如四川省甘孜州，除泸定县外，其余17个县均有寺院商业。另外，土司和寺院还做转口贸易，如经营规模最大的大金寺与理塘寺在藏、滇、青、渝、沪及印度都设有购销点。

3）寺院是地方文化教育中心

在藏区，寺院与民间联系之深，关系之切，使其成为名副其实的文化中心。据《藏传佛教寺院资料选编》（周锡银、冉光荣，1989）调查，在藏区，家中无论生老病死、婚丧庆悼以及稼穑等事无巨细，都要请喇嘛念经。不仅藏族人民的节日都是宗教节日，"至于平时，或数日，或一月必延喇嘛诵经一次。人数之多寡，视家之丰俭，多则百数十人，少则十数人，至少亦三五人，油肉金钱，不少

[①] 据《甘孜州州志》（甘孜州志编撰委员会，1997）载，清末，康区无粮食集市，由四川都督府拨款修筑从打箭炉至察木多（昌都）大车路时，沿途建旅店24处，接待驻藏及经边人员，旅店兼售粮食及另行杂货，以方便行旅，这是康区粮食从物物交换进入市场之始。

吝惜。若贫穷之户，无力延请，则将粮食什物，零星贡献于寺中而念之。若土司酋长，大家居室，甚至日日有喇嘛为之念经也。然此尚属一家私行之事，尚有三家之村，十家之邑，公同聚资，选举会首，不时延请喇嘛，诵经数日，以祈一村一乡之太平者"。

寺院同时也是教育中心，之外再无其他正规教育机构和形式。几乎每户人家都将自己最聪明的儿子送入寺院出家为僧，"一则因喇嘛在社会上地位较高，二则因子为喇嘛可招致本身及家庭福祉，三则可免纳粮当差吃苦。又家庭如经济不足，可获生活上保障，直视喇嘛为一种职业。"故而，送子出家为僧，并非通常认为的看破红尘，而实在是出于父母对这个儿子的爱护之心。而且据《西康社会之鸟瞰》第七章《西康人之宗教生活》（柯象峰，1940）记载，"喇嘛虽入寺，却不似中土之出家入空门，与家庭断绝关系。因西康喇嘛'出家仍在家'与家庭不断发生关系。初入寺则家庭供给之，迨其长成，如有余力，亦多赡家。且常常返家居住，如媳妇回门然。"宗教文化与知识也随之在世俗社会得到广泛传播和应用，尤其是大、小五明（rig gnas lnga）[①]中专门讲解医学知识的医方明（gso bavi rig pa）与建筑知识的工巧明（bzo rig pa），对百姓的疾病治疗与房屋建设都很有实用价值。

总之，在藏区，寺院作为一种社会实体，它不仅是地方的宗教中心，而且还是宣传宗教教义的文化中心、传授佛教知识的教育中心、控制与解决地方性事务的政治中心、地方性的医疗中心以及物资流通的经贸中心。正如《川康建设视察团报告书》（1939）中所概括的，寺院对藏区社会影响之全面程度，"可谓民财教建之组织，具体而微；管教养卫之权能，无一不备"。

---

① 据《走进藏传佛教——谈藏传佛教的若干特点》（王尧，2003）一文考证，五明（rig gnas lnga），明，知识、学问、明处。大五明包括内明（nang rig pa）、因明（tshad ma rig pa）、声明（sgra rig pa）、医方明（gso bavi rig pa）、工巧明（bzo rig pa）等；小五明包括诗（snyan ngag）、韵律构词（sdeb sbyor）、藻饰（mngon brjod）、歌舞戏剧（zlos gar）、星算（skar rtsis）等。

2．核心聚落的形成

1）土司制与官寨型聚落

（1）土司类型与官寨建制

康巴藏区的土司数量众多，但只有长官司、安抚司、宣慰司等高级别的土司才有资格建官寨。而众多的土千户、土百户虽然也属于朝廷分封的官职，被统称为土司，但却无政权机构，故而也不可能设置官寨。

清末"改土归流"因时值清廷衰落与四川军阀混战，使得该政策无暇深入贯彻执行，因此，守备、千总等流官在实质上与原来的土司并无二致，只是在称谓上有所变化而已。其居住的房屋，嘉绒藏语称为"甲尔金"，是其行政机构所在地，相当于土司衙门或官寨。如位于四川省甘孜州丹巴县太平桥乡宅垄屯的守备与千总，归懋功屯直隶厅管辖，实际仍属于丹巴县的土司，从其现存建筑遗构初步判断，与官寨形制基本一致（图2-4）。

图2-4　甘孜州丹巴县太平桥乡千总官寨遗迹

（2）土司官寨形制

一般在土司辖区中仅有一座主官寨，也称为"母官寨"，作为土司机构日常办公、经营商业、宗教活动与居住的地方。如位于四川省阿坝州马尔康县的卓克基土司官寨与松岗土司官寨、小金县的沃日土司官寨、黑水县的芦花官寨、金川县的绰斯甲土司周山官寨与党坝土司官寨、汶川县的瓦寺土司官寨以及甘孜州丹巴县的巴底土司官寨、甘孜县的孔萨官寨与麻书官寨、炉霍县的朱倭官寨、新龙县的瞻对官寨、巴塘县的大营官寨等均属此类。

除母官寨外，为方便土司到辖区各地巡查时居住与办公，还在部分大头人所在聚落建有多座规模较小的官寨，称为"子官寨"，平时由大头人居住与照管。

如在四川省阿坝州马尔康县沙尔宗乡从恩村留存的甘木底子官寨，就是当年松岗土司在此设置的子官寨。

子官寨的设置主要受以下几个因素影响：人口数量达到一定规模的区域，需要加强社会稳定的区域，可兼顾管理农、牧区的交汇地带。在人口流动性大的纯牧业区中则很少设置子官寨。

（3）土司官寨型聚落的形成

在母、子官寨旁都分布有土司或大头人所辖农奴们组成的寨子，其中大部分以领种土司土地并给土司上粮、当差为生，只有少部分农奴专门从事官寨所需的各种专差，如木匠、石匠、烧炭工、铁匠、银匠等，他们虽然也领种土司土地，但不上粮和承担各种零碎差事，但遇到战事，全体民众则依托官寨进行防御。因此，官寨与寨子无论在空间还是组织关系上都属于一个整体，可将其称为"官寨型聚落"（图2-5）。

据《布达拉宫》（西藏自治区建筑勘察设计院与中国建筑技术研究院历史所合著，1999）载，五世达赖在卫藏地区建立的地方行政区划单位——"宗"，与土司官寨相当，负责管理地方上的政治、经济、文化等一切事务。旁边也设有负责支差义务的村镇或居民点，藏语称"宗雪"。"清时，在藏历铁虎年甲达希雄

图2-5　土司官寨型聚落

规定：宗有一个直辖豁卡，宗山百姓负责维修宗山建筑，并提供宗本的佣人和神巴（士兵）"。该类聚落与官寨型聚落性质相同，均属于核心聚落。

土司和辖区民众一样，也信奉宗教，官寨内往往建有土司专用的佛堂，寨子中则建有民众使用的寺庙。只是在以土司制为主导的嘉绒藏区，寨中寺庙的规模较小，多为1～2座小型神殿或佛堂，体量与民居碉房相仿，在视觉和功能上，官寨建筑在聚落中始终具有最为突出的中心地位。

2）养僧制度与寺院型聚落

由于僧人不从事生产等体力劳动，因而，自寺院兴起之初，就建立了一整套养僧制度。据《贤者喜宴》（巴卧·祖拉陈哇，1983）记载，公元8世纪末吐蕃赞普墀松德赞时期，佛、法、僧三宝俱全的寺院——桑耶寺，首次在藏区兴建落成，赞普除了给寺院一定数量的土地外，还规定："寺院不仅有'三户养僧制'予以保障，而且又同时得到法定的二百户寺院属民。"可见藏区寺院不仅是一个独立的宗教单位，还是一个独立的经济单位。

为了保证宗教氛围和修行环境质量，寺院与属民寨子之间始终保持着一定的空间距离以界分僧俗领域，但二者实为同一聚落不可分割的两个组成部分，可将这类聚落称为"寺院型聚落"（图2-6）。

图2-6　寺院型聚落

属民专门负责为寺院提供日常事务中所需的人力与物力，如驮水、烧茶、打扫寺院、修补墙院、供给寺院的燃料和马草等，并承担寺院辖区土地上的生产劳动。据《阿坝州州志》（阿坝藏羌自治州志编撰委员会，1994）中载，各大小寺院属民居住的村寨藏语称之为"拉德"和"穆德"，与寺院有不可分割的直接人身依附关系，不仅奉献自己的家庭财产，还要承担寺院法会、建塔、支差等各种项目开销。

在海拔较高的浅切割高原宽谷地貌区多为草原牧区，牧民流动性大，寺院多采用帐篷搭建经堂，随牧民迁移，故称为帐篷寺。20世纪80年代以来，出现一些定居寺院，辐射下辖牧区，尽管牧民聚落分散，但供养关系仍然存在，寺院周边建有服务性定居聚落，故仍可将这类寺院归为寺院型核心聚落，最突出的代表是四川省甘孜州色达县五明佛学院、白玉县亚青寺、康定县格勒寺等聚集了成千上万僧众的大寺院。

3）政教联盟制与混合型聚落

康巴藏区的土司制历史悠久，政教联盟色彩非常浓厚，土司和寺院活佛联合治理辖区，如位于四川省甘孜州德格县的德格土司、甘孜县的孔萨、麻书土司、炉霍县的章谷土司等都将寺院作为自己的家庙，寺院的规模甚至大大超过与之相邻的官寨，从而形成土司官寨与寺院并处一地的独特聚落形态，可将这种核心聚落称为"混合型聚落"（图2-7）。

图2-7　混合型聚落

3. 核心聚落的分布规律

1）官寨型聚落的分布规律

据《藏区土司制度研究》（贾霄锋，2007）对清代康巴藏区各地土司分封情况的统计，除西藏自治区昌都地区设有上纳夺安抚司外，其余长官司以上的土司全都集中在四川藏区。

各土司的官寨型聚落均分布在辖区内主、干流河谷沿线，内外交通便利。但因各土司辖区所在位置及范围大小各异，分布间距从几十至上百公里不等。如在四川藏区北部，土司数量较多，官寨型聚落分布密集，间距在20～40km之间。除位于金沙江上游的德格宣慰司与林葱安抚司等少数官寨型聚落外，大部分土司的官寨型聚落都集中在大渡河上游的大、小金川流域、雅砻江流域上游以及川藏北线沿途。而在四川藏区南部，土司数量较少，官寨型聚落分布稀疏，除木里安抚司与冷边长官司所在地理位置偏远外，大都集中在川藏南线沿途，分布间距在100～200km之间（图2-8）。

一般在土司辖区各地还设有多个子官寨，同母官寨一道组成全面控制辖区的官寨型聚落群（图2-9）。子官寨一般选建在人口数量达到一定规模的地区，或需要加强社会稳定的区域，或可兼顾管理农、牧区的交汇地带，但在人口流动性大的纯牧业区中很少设置。各土司在辖区内所设子官寨的数量不定，再加上各地地形条件差异与土司辖区范围大小各异，母、子官寨型聚落之间的分布间距少则几公里，多则几十、上百公里不等。

2）寺院型聚落的分布规律

寺院一般都建在聚落附近，既利于护佑一方水土平安，又方便人们就近参加宗教活动，并与其中1～2个聚落（相当于一般意义上的行政村和行政队）组成有直接供养关系的寺院型聚落，故而其分布密度较官寨型聚落更高。如四川省阿坝州马尔康县松岗乡下辖的莫斯都、松岗、直波等8个村，共分布有宁玛、格鲁、噶举等派九座寺庙，不仅村村有庙，其中的直波村还是两庙并存。

各教派寺院体系建构模式基本相同，均可分为母寺、主寺和子寺、分寺两

图2-8 康巴藏区土司官寨分布示意图

图2-9 嘉绒藏区母、子官寨型聚落
分布示意图

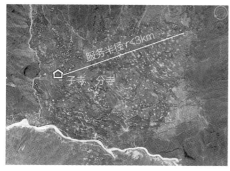

图2-10　子寺、分寺服务半径示意图　　　　图2-11　母寺、主寺服务半径示意图

级。寺院的辐射半径通常与寺院的等级、规模相对应。一般来说，子寺、分寺的服务半径为1～3km（图2-10），尤其在松岗乡这样高密度的分布中，多为仅有一座小型拉康佛殿或佛堂以及少数喇嘛的小分寺。而母寺、主寺的服务半径可达5～10km。如四川甘孜州雅江县八角楼乡共有7个村489户，仅分布有一座噶举派大寺——傍母林寺。再如藏区最早的宁玛派主寺——嘎托寺，是四川省甘孜州白玉县河坡乡唯一一座寺院，与辖区内最远聚落的水平直线距离在10km左右（图2-11），可以保证人们能在当天或两天之内[①]，往返于居住地和寺院。

2.2.2　以神山崇拜为纽带的聚落体系组织模式

1. 神山崇拜的文化习俗

在青藏高原先民的信仰体系中，原始苯教强调的是上、中、下三界之间的纵向联系和人、神之间的关系，与之相伴的另一种观念就是至今仍广泛存在的神山崇拜文化习俗。认为神山的山峰可达上界（拉界），山底可深入下界（鲁界），山体则屹立于人间，从而成为贯穿宇宙三界的通道。山还被认为是掌管"三界"中"人界"

---

① 一般寺院中都有出家的亲属，如果当天不能返回，也可在其僧舍中暂住。

的"年神"附着之地，任何一座山峰都有神灵居于其上，是人世间的护法神，山神在地上各种神中的地位是最高的，直接掌管着一个地区所有的土地神。《藏族吉祥文化》（凌立，2004）中载，山神也可能是部落最早头人或英雄的灵魂所化，因此，各部落每年都有祭祀当地山神的习俗，以表达寻求庇佑与获取幸福的美好愿景，这一文化现象至今仍存在于藏区各地。藏学家任乃强先生在《西康图经·民俗篇·祭祀仪节》"祀山神"中载："番人各村落间皆有一山神，大抵选附近较低之奇峰，或较优美之地势为之，以杉树条数枚，悬经旌为号，每月初二、十六日，各户主妇携柏枝、糌粑、酥油、羊毛四品来此，焚柏枝、糌粑、酥油于神前，张羊毛于神侧荆莽之枝上，对神礼拜，或聚跳歌装一回而去。若逢年节，则男子亦结队朝之。"位于澜沧江峡谷之畔的云南省德钦县佳碧村，每年都要祭祀本村世代信奉的、最主要的神山——格勒宗神山。当地传说格勒宗神山是川滇藏交汇处的大神山卡瓦格博神山的守门大将，主宰着村民的生计与运势，故而每逢"大年初一全村男性要登到格勒宗神山顶，女人要登崩那宗姑神山，早晨村民们请年长者焚香、诵经向神山祈福，下午逐渐转化成为联欢活动，大家围着烧香台唱歌、喝酒和跳舞直到夜晚。"[①]

2. 神山体系的层级结构

神山崇拜是青藏高原上极古老的一种信仰，早在佛教传入之前就已广泛存在。不仅绝大多数山都是神山，而且按照一定的等级组成了一个庞大的神山体系。通常依据神山的高度和共同供奉人群分布的空间范围大小，由大到小分为全藏神山、大区神山、小区神山以及部落神山等四个层级。不同层次的神山之间可以拟人化为一种家族关系，如位于青海省果洛州的阿尼玛卿神山，其诸多山峰被分别喻为山神的妻子、18个儿女、360位亲族以及1800名侍从。也可以拟人化为一种等级关系，如位于西藏自治区山南地区的雅拉香波神山、阿里地区的冈底斯山均被视为全藏最大的神山之一，被全体藏区人民共同崇拜；大区的神山则是指

---

① 引自：朱靖江. 神圣的凝望：藏族"村民影像"中的神山崇拜[J]. 西南民族大学学报（人文社会科学版），2015：12.

前藏、后藏、安多、康巴等较大地区人们所共同崇拜的神山。如位于安多藏区的阿尼玛卿神山，被认为是安多藏族的共同祖先神；小区的神山则为一个较小范围中的众部落所崇敬，如青海省果洛州众安多部落除同样崇拜阿尼玛卿神山外，还视当地的年保玉什则神山为果洛人自己崇拜的保护神。地处大渡河流域的墨尔多神山也存在同样的层级结构，据藏学家毛尔盖·桑木旦先生《多麦历史述略》中记述，嘉绒藏族视墨尔多神山为当地最大的神山，其下辖范围内还有六十二座小神山，位于小金县的四姑娘山（海拔6256m）便是其中三座最威严的"斯古拉"（意为生神）之一。人们日常敬奉所在地的神山，而以在年节或生命历程中到本教派或族群共同敬奉的最大神山敬奉、转经为最大心愿和最神圣的行动。

3. 神山体系与族群文化分布格局相对应的聚落体系组织模式

神山崇拜是高原上一种极古老的民间信仰，不仅与先民的现实生活息息相关，而且与原始苯教三界观中最重要的天神联系在一起，祭山、祭天、祭祖常常是三位一体。吐蕃王朝建立前，高原上邦国林立时，不同的邦国依据自身居住的地形地貌信奉各自的神山，神山既是三界宇宙观的具体象征和信仰实践场所，又是强化区域认同感的心理纽带。不同等级的神山可以是一个部落、一个民族或几个民族崇拜的对象，今天我们在藏区看到的神山体系和族群分布在地域上存在大致对应关系，应该就是这种文化地理模式和文化心理模式的传续和发展。如地处嘉绒藏区腹地的墨尔多神山，起于四川省阿坝州鹧鸪山，地跨马尔康、金川、小金、丹巴等县，是雍仲苯教的神山和嘉绒藏族的文化中心。按照目前学术界对"嘉绒"一称来历的考证，一指靠近汉地的河谷农区，此称谓遂演变为藏族内部操藏语的主体人群对嘉绒这一特定人群支系的他称，如其分布区北部的草地藏族就将他们称作"绒巴"；另一指苯教墨尔多神山周围的河谷农区。两相对比可以发现，苯教墨尔多神山和嘉绒藏族分布区之间存在对应关系。再如位于四川省甘孜州东部被喻为"蜀山之王"的贡嘎山（Minya Konka），主峰海拔7556m，周围有海拔6000m以上的山峰45座。在藏语中，"Konka"意为"最高的雪山"，"Minya"既是族群名称，又是地域概念。既指康巴藏族中的木雅人族群，又特指木雅藏族生活的贡嘎山西坡地带。在行政区划上，大致涵盖康定以西、雅江以东、道孚以南、九龙以北、丹巴西南的广大地区。再如位于云南省迪庆州的卡瓦格博神山区，不仅包含海拔6740m的主峰，而且是一个以卡瓦格博神山为中心的神山群体，崇拜这个神山群体的文化圈，也不受行政区划的限制，而是囊括了以澜沧江上游为中心的藏族聚居区域。可见，神山文化是维系族群认同感的一种文化心理纽带，与寺院、官寨一起并存于整个康巴藏区聚落体系组织模式中。

2.3
— ❖ —
聚落选址类型

普通生存型聚落选址首先要在保护原有山水林草生态格局的前提下，满足人们用地、水源以及安全等基本生存需求，其次需要通过河谷阳坡选址来获得生产生活所需的热量。虽然横断山系五大流域干流基本呈南北走向，其东、西两岸的日照较为均衡，但支流河谷往往呈东西走向，其南、北两岸的日照可能存在较大差距，往往忌讳在日照被山势遮挡而阴寒湿冷不利健康的南岸选址。核心聚落作为辖区的经济、政治、文化中心，选址更强调其在交通辐射、用地条件、环境形胜及其防卫性能等方面的优势。根据选址位置和地形不同，核心聚落选址模式可分为河谷交汇口型、河谷沿线坡、台地型以及宽谷平坝型等三种类型。

2.3.1 河谷交汇口型

河谷交汇口是相邻河谷间物资集散、信息传递以及人员往来的枢纽，交通辐射性强，通行频率高。各地貌区的核心聚落多选址于河谷交汇口或平缓或陡峭的台地上，视野广大、深远，防卫性强，便于凸显聚落的壮阔气势和官寨、寺院的标识性。如四川省甘孜州雅江县白孜寺及白孜村选址于雅砻江干流与小型支流的交汇口北岸台地上，炉霍县原章谷土司官寨与家庙寿灵寺以及聚落选址于鲜水河支流尼曲

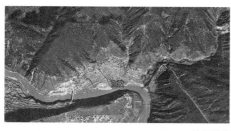

雅江县白孜寺聚落

炉霍县寿灵寺与章谷土司官寨聚落

马尔康县卓克基土司官寨聚落

图2-12　河谷交汇口型核心聚落选址

河与达曲河交汇口西南的山腰台地上，阿坝州马尔康县卓克基土司官寨和西索村选址于马尔康河与纳足沟交汇处的台地上（图2-12）。

2.3.2　河谷沿线坡、台地型

无论高山峡谷还是高原宽谷地貌区，河谷沿线都分布着一到多阶台地，土壤肥沃，具有一定的防卫性，是聚落分布最为密集的区域。其中，用地宽裕之处往往成为核心聚落的选址地。如四川省甘孜州丹巴县的革什扎河两岸台地上，聚落密布，布科寺设在山脚岸边一处较为开阔的狭长台地上，既有敬奉龙神与水观音之意，又方便信众参与活动。而在浅切割丘状高原宽谷地貌区中，还分布有色达县五明佛学院等少数规模庞大的寺院型聚落，几乎绵延整条河谷。但河谷台地的视野不如交汇口开阔，交通辐射能力受限，因此仅在少数有山体环护、地势险要、易守难攻之处才设有官寨型聚落。如四川省阿坝州小金县沃日土司官寨型聚落，就位于小金河沿线一处有山体环护的条状台地上。四川省甘孜州甘孜县的甘孜寺与麻书、孔萨土司官寨聚落选址于雅砻江小支流门达沟（今称磨房沟）西侧一处台地上，南北西三面均有低山环护（图2-13）。

2.3.3　宽谷平坝型

高原宽谷地貌区河谷沿线多宽阔的冲积平坝，坡度平缓，视野广阔，海拔3600m以下土壤宜农，便于人口聚集，但防卫性较低，因而多为寺院型聚落选址地。最典型的是四川省甘孜州道孚县惠远寺及聚落，地处高原宽谷盆地中央，东西两侧是连绵的浅丘状山原，寺院居中，成为区域视觉中心，村落分居东西两侧。再如四川省甘孜州白玉县亚青寺占地广阔，男、女僧众区以河道为界，分居于两侧高差约30m的宽谷平坝上（图2-14）。

2.3.4　核心聚落选址环境具有形胜特征

与普通生存型不同，核心聚落极其重视选址地的自然环境是否具有吉祥形胜的特点，以期教派传承系统能得到弘扬。一般将选址地的环境意象比喻为宗教吉祥符号与动植物，如"雍仲"等吉祥符号以及狮、虎、象、鹿、鹏、孔雀、莲花等动植物。据地方志和民族志资料，兹举几个典型案例。一是位于大金川峡谷中的四川省阿坝州原为苯教后改宗格鲁派的雍仲拉顶寺及聚落，据《金川县志》（金川县地方志编撰委员会，1994）中载，所在地地形被喻为"雍仲"符号的象征，即以地弯、水弯、山弯与天弯等四大弯来抽象表现该符号的意象。二是位于大金川支流峡谷中的金川县苯教昌都寺及聚落，据《苯波教简史——兼绰斯甲昌

丹巴县布科寺及聚落

色达县五明佛学院及聚落

小金县沃日土司官寨及聚落

甘孜县甘孜寺、孔萨土司官寨与聚落

图2-13 河谷沿线坡、台地型核心聚落选址

都寺概况》（李西·辛甲旦真活佛，2004）中载，地势形如盛开的莲花，象征远离凡尘，天似八幅经轮，象征苯教的法轮永转长恒，寺前台地上自然形成两汪水塘，象征着大乘雍仲本教的显、密二宗；该寺的选址地，从显宗来看，刚好建在

道孚县惠远寺与聚落

白玉县亚青寺聚落

图2-14　宽谷平坝型核心聚落选址

祖师跏趺打坐的怀中，从密宗来看，空行母翩翩起舞关注着建寺之地；按心识部说法，三山象征无上中观见，右山为方便，左山为智慧，中山为三山之圣。三是位于高原宽谷地貌区的四川省甘孜州理塘县格鲁派长青春科尔寺及聚落，据《甘孜州州志》（《甘孜州志》编撰委员会，1997）载，北面山势较高的崩热神山和多闻正神山被喻为一尊手持珍宝、盘腿而坐的财神，西面山体被喻为一只展翅欲飞的巨鹏，东面山体被喻为一头曲身而卧的巨象，从北向南伸着长鼻，两腮处的清泉像两条洁白的哈达，从象鼻两侧潺潺流过，左侧是无量寿甘露，右侧为莲花生甘露，南面山峦起伏，奇峰耸立，主峰山腰自然形成一幅"十相自在"图，山麓下汹涌的理塘河则宛若青龙盘旋而行，中间为芳香四起的宽阔的奔戈草原。河谷交汇口型在高山峡谷地貌区中最为普遍，有明显的地利优势，但也很重视环境形胜。如四川省阿坝州马尔康县松岗土司官寨及聚落，据《马尔康县文史资料——四土历史部分（1）》（中国人民政协、马尔康县委，1986）中载，"东边似灰虎腾跃，南边一对青龙上天，西边美丽的红山雀展翅，北边上寿乌龟。

东方视线长，西边山势交错万状，南山如珍珠宝山，北山似一幅大绸帘。四边山似四根擎天柱，它们把守天险防地，正中耸立着：松岗日郎木甲牛麦彭措宁"（图2-15）。

金川县雍仲拉顶寺

理塘县长青春科尔寺

金川县昌都寺

马尔康县松岗土司官寨

图2-15 康巴藏区核心聚落的环境形胜案例

2.4
—❖—
聚落形态构成模式

宗教仪设与碉房民居是藏区聚落中的基本建、构筑物类型，同时，在核心聚落中，还有官寨、寺院以及高碉等体量大、形象突出的建筑类型。它们在聚落中承担着不同的功能角色，有着不同的布局模式，并因自然条件、地理区位的不同，表现出一定的地域性差异。

2.4.1　上敬天、中安人、下镇邪的宗教仪设布局模式

宗教设施是藏区聚落中必不可少的构成要素，是藏族自然观在聚落空间形态上的具体体现。各地聚落中布设的宗教设施类型大体相同，主要包括佛塔、各类转经筒[①]、嘛呢经石堆[②]、泥塑小塔——察察[③]、经幡以及拉卜则[④]等（图2-16）。

1．宗教仪设的布局模式

苯教是青藏高原盛行的一种本土原始宗教，基于苯教三界宇宙观，苯教的社会价值主要体现在调解人类和世间神的关系上是苯教信仰体系的主旨，潜藏并延续在藏族人民的民族文化心理之中。佛教传入后，为缓和苯、佛之间的对立，在

---

① "转经筒"是将经文印成纸条，裹在轴上，装于经筒内，凭借风火水以及人力转动，转动经筒的功德不亚于口诵经文。这一形式可方便不识经文的信徒，从而有利于宗教的传播与发展。其中用于聚落层面的，有置于急流或水沟边的"水轮"，以及单独建于屋心，可容多人同时拉旋的大法轮，藏语称"洞科"。

② "嘛呢石堆"由刻有经文的石块、石板堆积而成，有驱秽避邪的作用。

③ "察察"为藏语名称，实为泥塑小型圆锥体，置于山洞中，敬奉山神，祈求其护佑聚落。

④ 《藏族大辞典》（丹珠昂奔等，2003）中载，"拉卜则"意为山顶、山尖，是藏族信奉的象征性地方神。一般在各自所属的界内山头上或山垭豁等处。通常为一丛状物，用杆制作，上端削成箭镞状，插成一丛，上缠经幡、羊毛等，下部多以木栅栏或石块固定。

佛塔	洞科房
水洞科	山顶拉卜则
察察	嘛呢石堆

图2-16 聚落中的各种宗教仪设

赤松德赞时期，自印度迎请莲花生大师，对藏域佛教进行了改造，将苯教中的年神和龙神都纳入佛教作为自己的护法神，故而在藏区各地仍保留对人居环境中自然神灵的敬、镇习俗。这些宗教仪设的作用广泛，是人居环境不可缺少的组成部分，具有为路人指引方向、满足人们宗教信仰活动需求、警示过往行人注意安全等作用；同时，一般在聚落的出入口、制高点以及邪崇处等三个基本位置建造宗教仪设通过特定习俗沟通人与神的关系，有护佑人居环境安全的作用，从而达到上敬神灵、下镇鬼怪、中安人居的目的。

1）出入口

在聚落层面，出入口不仅是人和牲畜进出的孔道，也被认为是各种会给人类带来病痛灾害的鬼怪的进出孔道，因而普遍在此设置佛塔、嘛呢石堆察察以及经幡等宗教仪设。功能上除了镇邪、防崇之外，也兼有迎宾与阻止福泽流失之意，同时，仪设所在地也是人们日常转经活动的主要场所。另外，在盛行苯教的嘉绒藏区，历史上聚落出入口多设高碉，但在经历清乾隆两次金川之役后，支持土司的苯教被打压，兼具极强防御性的苯教重要仪设高碉也被大量拆毁，并以藏传佛教的佛塔取代。

在各种仪设中，佛塔的变化形式最为丰富，可满足不同地形、经济条件和教派的需要。如在塔的形制上，有雍仲庄严塔、藏传佛教八大灵塔、噶当觉顿式塔、萨迦式塔、布顿式塔以及第司式塔等不同；在塔的数量上，有单塔、多塔乃至塔群等布设方式；在塔的规模上，有小塔、大塔和巨塔等多种形式。为避免人们冬季严寒时转经遭受风寒，尤其在高原宽谷地貌区，普遍采用与佛塔意义相同、形似民居碉房的"洞科"房形式，并形成佛塔与"洞科"房结合、塔庙、佛塔与其他仪设组合等多种变化形式（图2-17）。

2）聚落制高点

在藏区各地，每个聚落都有自己的神山以及聚落群共同的神山，视之为地方保护神，每年都要在神山顶上举行群众性的祭祀活动。如山顶的"拉卜则"，被视为山神的居所，通过燃烧糌粑、柏枝等相关敬奉仪式，来祈求神灵赐福祛难、护佑当地人民吉祥如意，不受鬼怪和自然灾害的侵袭。个别聚落还将经幡从山

雍仲本教塔　　　　　　　第司式佛塔　　　噶当觉顿式佛塔

小金县双塔　　　　　　　　　丹巴县高碉

道孚县佛塔与察察组合　　　　道孚县佛塔与嘛呢石堆组合

色达县邓登曲登巨塔　　　壤塘县宗科乡塔与洞科房的结合

图2-17　聚落出入口不同形式的佛塔

顶一直插到坡脚的村寨边，以此来加
强神灵对聚落的护佑。同时，人们将
山神出没的山顶森林作为神林加以保
护，禁止采伐或开垦，使得这一敬奉
习俗还兼具保护聚落的生态安全的功
能（图2-18）。

3）镇邪处

在藏族观念中，自然环境中存在
许多有邪气、不吉利的地方，在此设
置能起震慑作用的宗教仪设才能保佑
聚落的平安。最常见的是在道路交汇
口、转折处，崎岖不平的道路，陡峻
的山壁等易发生危险的地段，以及
形似猪头、蛇或张开大嘴的岩石等形
式不吉利的地方，均设置嘛呢石刻
或塔，以镇其邪气。如四川省阿坝州
金川县昌都寺聚落右侧山体有局部滑
坡，寺下台地边缘也出现多处地质裂
缝，均建塔镇之（图2-19）。

4）敬神处

在聚落环境中，也有一些节点位
置被认为是山神出没的地方，需要设
置带有敬奉性质的宗教设施。如在路
边石洞或干燥山洞中放置"察察"，作
为敬献给山神的礼物，以保佑聚落人
寿年丰、万事如意。在水口、溪涧边
设置利用水力推动的"水洞科"，既可

图2-18　从山顶插到山脚的经幡

山体滑坡处的塔群

河谷道路交汇口设置的塔群

河谷道路转折处的塔

图2-19　聚落中镇邪处的宗教仪设

放置在山洞中的察察

桥上悬挂的经幡

冲沟上的水洞科

建于湖边的佛塔群

图2-20 聚落中敬神处的宗教仪设

敬奉神灵，又可积累功德。在圣湖、江河桥畔、垭口、岩穴、巨石、古树、崖壁、隘口和山顶等凡是具有灵气的地方都挂有经幡和放置有嘛呢石堆，以示敬畏与祭祀来到这些地方的年神（山神）、赞神（天神）、龙神（水神）。

另外，在泉水、湖边、河岸等水边建塔的做法也有祝愿风调雨顺、人畜兴旺、五谷丰登、平安吉祥之意（图2-20）。

2. 宗教仪设的布局原则与使用习俗

在青藏高原先民的信仰体系中，任何一座山峰都有神灵居于其上，是人世间的护法神。原始本教认为神山是可以纵贯宇宙上、中、下三界的通道，山峰可达上界（拉界），山底可深入下界（鲁界），山体屹立于人间（年界），掌管"人界"的"年神"就依附在神山上。人们对自然界构成的这种认知模式逐渐融入藏族人民的风俗习惯与审美文化之中，也决定了宗教仪设的布局模式，并通过围绕宗教仪设的敬、镇习俗，来祈求人居环境的安定。

在藏族民俗中，普遍认为塔、嘛呢石堆等宗教仪设既能镇邪也会妨人，因此，在布局时，应遵循低于人居位置的原则，以免对人的命运造成伤害。人们在路过时，虽不必一一礼拜，但须口诵嘛呢经咒，如环绕寺院转经那样环绕单数周再离开，简单的也可在来时从其左侧经过，去时由其右侧经过，这样一来一去，即构成一次完整的转经。但是在信仰苯教的地区，则须改成先右后左的逆时针环绕路线，作为与藏传佛教各派的区别。

宗教仪设不仅有助于人们建立对聚落的安全感、归属感与拥有感；同时，在地广人稀的高原上，又能鲜明地标识出人居环境的存在，为路人指引方向。

2.4.2 兼顾健康和安全的民居选址与布局模式

民居多选址于坡脊或台、阶地等高位，既利于增加日照时长，又利于少占有限的耕地，民居中的人畜粪便还可随地形高差自然下渗，增强周边农田的土壤肥力，而坡谷、缓坡、冲积扇等土壤肥力汇聚之低地则留作农耕用地。只有在山势陡峻或日照被山势遮挡之处，才宁可牺牲宝贵的平缓耕地，也不在有安全隐患或阴冷潮湿不利健康的地方建造民居，如位于东西走向河谷南坡台地的巴底土司官寨和民居就是这样的典型案例（图2-21）。

民居选址同时也很注重安全性，一是选址于地基坚固之处，如地下有岩石的地方，以防在土、石墙重压之下地基不均匀沉降导致墙体开裂；二是选址地周围没有泥石流、滑坡等潜在地质灾害威胁；三是高位选址，既可扩大视野，又可提升安全性和防卫能力。

康巴藏区绝大部分地区的民居都是相互分离的独栋独院，整体上呈簇群式形态，少则三五户，多则几十、上百户，整体上呈小集中、大分散的格局。

民居群有散点状、带状、枝状、团状以及混合状等布局模式。各类型在不同地貌区中都有分布，没有固定的标准，均需视具体的地形、用地大小、人口规

民居坡脊选址　　　　　　　　　　　　民居阶地选址

东西走向河谷南坡的建筑选址——巴底土司官寨与民居群

图2-21　民居选址模式

模、路网格局以及防卫需求等因素而定。一般集中式布局有增强防卫性能和一定的节地作用，多见于地势平缓的高原宽谷地貌区；分散式布局有适应性强、布局灵活且便于就近耕作等优点，多见于高山峡谷地貌区；混合式布局则兼有各种布局模式的优点，灵活性高，应用最为广泛（图2-22）。

　　民居之间一般都存在错位或偏转，除受到地形限制之外，兼有减少遮挡和增加日照范围、时间之效，并有助于提升民居群对聚落整体环境的把控和防卫性能。可见，民居布局和选址模式在保证纳阳和安全上的思路是一致的。

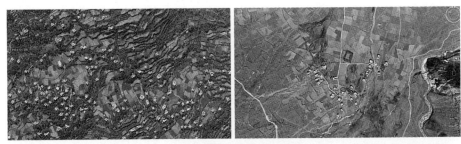

两种地貌区民居散点式布局

两种地貌区民居带状布局

两种地貌区民居团状布局

两种地貌区民居混合状布局

图2-22　康巴藏区两种地貌区各类民居布局模式

2.4.3 以寺院与官寨为主导的建筑群布局模式

寺院与土司官寨在聚落布局中享有优先权，是核心聚落的中心，与普通生存型聚落相比，非常注重选址的形胜和安全，并依循文化范式和生态格局，因地制宜布设民居与生产用地。

1. 寺院与官寨选址兼具形胜和防卫特征

在藏区，寺院、官寨一般选址于整个聚落人居环境的中心位置，是藏传佛教曼荼罗模式、苯教雍仲山模式以及神山崇拜习俗在聚落布局上的综合体现。

1）寺院、官寨选址讲求环境形胜

寺院选址普遍讲求选址地的环境形胜，并将呈现出的吉祥形式视为在此建寺的天授吉兆。如四川省甘孜州白玉县宁玛派嘎拖寺，寺址处有一白色崖石，崖上天然呈现藏文第一个字母"嘎"字，故在此建寺，并取名"嘎拖"。道孚县格鲁派惠远寺大殿前地面露出莲花状岩石，视为吉兆（图2-23）。位于墨尔多神山南麓的丹巴县墨尔多神庙，初为苯教，现已改为多教神祇共存一殿，该寺右侧有一巨石，相传为山神墨尔多的坐骑所化，故选址于此。

另外，寺院创建者在选址过程中若能从动物的特殊行为中感受到某种吉祥兴旺的预兆，也会作为判断选址地的重要依据。如《甘孜县志》（甘孜县志编撰委员会，1999）中载，格鲁派大金寺的建造者霍·曲吉昂翁彭措在选址途中，来到河边洗脸时，放在身旁的佛珠突然被一只飞鸟叼走，并放到平坝中的一座山包

图2-23 寺院形胜选址模式——道孚县格鲁派惠远寺

图2-24　寺院魔胜选址模式——金川县苯教李西活佛家庙

上，他于是感悟到此鸟应是佛的化身，其行为代表着佛的旨意，遂将寺院建在这座山包上。

　　寺院除为僧人提供修行地外，还具有护佑一方水土平安和人民康泰的作用，在选址上存在两种模式：一种为魔胜选址模式，源自唐代文成公主进藏后，将雪域高原地形比作一仰卧的罗刹魔女，并在对应魔女四肢、躯干等部位上兴建了12座寺庙，以消除魔患，镇压地煞，护佑吐蕃王朝平安昌盛。如四川省阿坝州金川县苯教昌都寺位于河谷交汇口上，环境恰是宗教上认为有妖魔出没的"天三角、地三角"地形，绰斯甲土司的上师——李西活佛不顾忌讳，将家庙建于此地，活佛居室居于形如狮头的岩石上，从此当地人之间的争斗平息（图2-24）。另一种为敬奉选址模式，在苯教三界观中，地下和水中是导致疾病的龙神居祖地，故靠近湖、河建寺，通过敬奉来护佑聚落平安昌盛。如阿坝州马尔康县卓克基土司官寨聚落中的宁玛派丹达龙寺就建在聚落低处靠近河谷交汇口的位置上（图2-25）。

　　官寨选址同样讲求选址地的环境形胜，并以环境与宗教仪设和吉祥物形似为吉。在《马尔康县文史资料——四土历史部分（1）》（中国人民政协、马尔康县委，1986）中对土司官寨选址地寓意有具体描述，党坝土司官寨所在的山梁台地被形容为"台似公母象亲吻，青龙擎起珍宝山，似孔雀展翅欲飞"，卓克基土司官寨所踞的山脚台地则被形象地比喻为宗教法器中的"曼扎①"和"宝桌"（图2-26）。

---

① "曼扎"是一种常用的宗教器物，一般由大、中、小三层圆台组成，里面盛满五谷杂粮、玛瑙、珍珠各种供品，象征着佛教的宇宙中心须弥山。

图2-25 寺院敬奉选址模式　　　　图2-26 形如曼扎的官寨形胜选址模式

图2-27 居于宽谷河坝中一凸起山包上的白利土司官寨遗迹

官寨多选址于台地上，或背依神山，或处于山体环护之中，仅有少数选址于突兀的山梁上，虽不利于居住健康，施工难度和建造成本也会大幅增加，但却是苯教天绳神话①价值观的延续，康巴藏区作为苯教退出卫藏地区后的主要发展区域，该文化习俗也在土司官寨选址上得到一定程度的延续。如嘉绒四土之一的松岗土司官寨位于阿坝州马尔康县松岗乡两条河谷十字交汇口的山梁上，再如信奉苯教的白利土司官寨位于甘孜州甘孜县生康乡鲜水河流域宽谷平坝中一处凸起的平顶山包上

---

① 在苯教三界宇宙观中，冈底斯神山是连接天地的梯子或天绳。早期吐蕃赞普均信奉苯教，相传第一代聂赤赞普便是沿天绳来到人间，第一至第七代赞普死后均沿天绳返回天界，到止贡赞普时，因天绳被人砍断，死后不能再返天界，此后只能在地上为赞普们建造陵墓。

（图2-27）。与吐蕃时期同样选址于山顶的西藏山南地区的雍布拉康和拉萨的布达拉宫具有一脉相承的内在关联性。

2）寺院、官寨选址兼具防卫性

在早期苯教文化中，神山是竖向贯通宇宙上、中、下三界的天绳，从第一代到第七代藏王死后都是从天绳回归天界的，藏王居住的宫殿都选址于山顶，如公元前2世纪苯教徒为第一代藏王聂赤赞普建造的王宫——雍布拉康就位于雅砻河东岸扎西次日山的山顶上。尽管从第八代止贡赞普开始，藏王因天绳被割断而从此留居人间，但基于神山崇拜以及客观上具有日照时间更长、视野开阔、安全性高等优点，居高选址倾向仍深刻地影响着后世宗堡、官寨和寺院的选址模式。官寨、寺院多选址于台地、山脊中具有居高临下、有险可凭的位置上，以利用地利优势增强防卫性。如阿坝州金川县大金土司的两处官寨均建在大金川东岸台地上，前临湍急的河水，背依雪山或陡峻的山崖，碉寨石卡林立，易守难攻，成为清乾隆时期两次金川战役中最难攻克的堡垒。再如甘孜州德格县萨迦派仲萨寺与新龙县宁玛派朱登寺，分别位于河谷山脊和台地边缘，除具有视野开阔的优点外，陡峭的悬崖绝壁也有利于提高寺院的防卫能力（图2-28）。

建于山脊一侧的甘孜州德格县萨迦派仲萨寺　　　　建于悬崖旁的新龙县宁玛派朱登寺

图2-28　寺院选址兼具防卫性

2．界分神圣、权利和世俗的建筑群布局模式

1）以寺院为中心的聚集式建筑群布局模式

按照佛经要求，寺院要与周围世俗建筑相距1由旬[①]以上，以减少尘俗生活氛围对僧人静修的干扰，如拉萨往西约1由旬即是格鲁派三大寺之一的哲蚌寺。在康巴藏区，寺院选址多高于民居群，空间上形成竖向分离，既融合了原始的神山崇拜习俗，在功能上又有利于规避滑坡等地质灾害和世俗生活对寺院修行的干扰。即是在用地局促时，寺院与世俗建筑群之间至少须沿寺的外围保持一个转经道的宽度，这既是信众转经的习俗需要，又是僧俗两个场域界限的象征，符合佛教三界观中界分凡夫俗子所在欲界与已戒除六欲的僧众们所在色界的观念。

在核心聚落中，受曼荼罗布局强烈中心感的影响，寺院和民居群的空间秩序仍可视为以寺院为中心、民居群环绕于外围的聚集式布局模式，在文化内涵上仍属于对曼荼罗（坛城）宇宙构成模式的象征性表达（图2-29）。

图2-29 以寺院为中心的圈层式聚落布局

---

① 为古印度长度单位名，一般以5尺为1弓，500弓为1闻距，8闻距为1由旬。

雍仲本教发展了原始苯教的三界观，在《苯教史纲要》（才让太、顿珠拉杰，2012）中有如下描述：

"原始苯教的天界、年界和鲁界三界宇宙观中，文明的中心沃摩隆仁就坐落在人界的中心地带，九层雍仲山就是这个文明中心的核心，这个核心山峰有九层，都由雍仲形状的山体组成，其顶端是一块巨型水晶石。雍仲九层山的四周流出四条河流即恒河、印度河、悉达河、傅叉河，恰似雍仲符号的四肢向外伸出。该符号的四个正面方向有四座宫殿，在其外围坐落着许许多多的山峰、绿林，层峦叠嶂，城郭、清池错落有致，河流、小溪蜿蜒其中，形成沃摩隆仁壮观的自然景色和人文景色。"

以寺院大殿象征宇宙的中心雍仲山，以殿顶坡屋顶象征雍仲山山顶巨型水晶石，以河流或道路象征雍仲符号的四翼，象征对整个人居环境的护佑，从而在竖向上以贯穿三界的九层雍仲山延续了神山崇拜文化，在横向上呈现出以世俗建筑群环绕苯教寺院的聚集式布局，并涵盖了山水植被等自然界的全部构成要素。

2）以官寨为中心的聚集式建筑群布局模式

受神山崇拜和天绳崇拜文化的影响，最初的藏王宫殿都建在山顶，后来政教合一制下的宗堡选址与之具有一脉相承的关联，既是活佛居所，又是地方行政机构的所在地，与山下民居群的布局关系在很大程度上是与寺院相同的三界观模式。

而康巴藏区形成之前属于泛羌地区，信奉万物有灵，早期邦国时代的聚落秩序可能主要依靠建筑高度来区分，如《旧唐书·南蛮西南夷传》中记载，公元6～7世纪的东女国："其所居，皆起重屋，王至九层，国人至六层。"今天留存在四川省阿坝州壤塘县、始建于元末明初的国家级文保单位日斯满巴碉房，同周围民居群在形态和布局关系上与这一记述非常相似。官寨与民居群多采用这一布局模式，可方便属民参与日常支差和战时防卫。由于政教联盟制下，土司和寺院活佛具有极其密切的渊源关系，而且官寨的高碉和屋顶经堂都是神性的象征，所以掌握世俗权力的土司也带有了神性的光环，故而，民居群与官寨之间至少保持一条环路宽度的做法，既是交通和防卫安全的需要，又是对土司与属民社会和文化属性差异的象征，故而在本质上仍是以官寨为中心的聚集式布局模式。

康巴藏区的官寨与卫藏藏区的宗政权机构——宗堡均属于王城性质，在功能上同样配置了经堂、佛殿、护法殿、议事厅、碉堡、僧俗住房及管家佣人的住房、库房、监狱等诸多空间，但在规模上远逊于宗堡，在布局上多与民居群横向相邻，而非宗堡那样与山下属民居住的宗雪竖向分离。

2.4.4　兼具防卫与神性的高碉布设模式

青藏高原的高碉历史悠久，史书记载可追溯到《后汉书·南蛮西南夷列传》中岷江上游的冉駹夷部落"垒石为室，高者至十余丈"的"邛笼"，其出现时间应不晚于距今两千年的东汉时期。

由于具有建造速度快、占地小以及土石均可建造等特点，加上极为突出的防卫效能，高碉成为冷兵器时代高原上广泛使用的最佳防御工事。尤其在唐代，据《阿坝宗教调研》（李茂，2002）调查考证，吐蕃军队就从长城以南、到甘南地区、再到大渡河流域与岷江流域的唐蕃边境上建立了一条以高碉为主体的、绵延数千里的高碉防线。

民族学家石硕先生从民族志、历史文献、考古、习俗信仰以及实地调查等多个方面令人信服地论证了高碉起源于信仰的可能性比起源于防御的可能性更大。认为高碉最初可能仅是一种祭祀天神或镇魔的、具有神性的建筑，而其潜在的良好防卫性能在后来的部落战争中日益发挥出来，并在元明清时代日趋凸显并占据主导地位。

1. 康巴藏区是横断山区系高碉的主要分布区

高碉在青藏高原分布广泛。据《千碉之国——丹巴》（杨嘉铭、杨艺，2004）一书中统计，"在四川藏羌地区，现有高碉遗存的县主要有阿坝藏族羌族自治州的汶川、茂县、黑水、马尔康、金川、小金、理县和甘孜藏族自治州的丹巴、康定、道孚、雅江、九龙、乡城、白玉、德格、新龙、理塘、得荣、巴塘等县。在西藏自治区境内，现有高碉遗存的有昌都地区的江达县，林芝地区的工布江达县，山南地区的隆子、加查、乃东、洛扎、曲松、错麦县，日喀则地区的江孜、日喀则、聂拉木县等"。《青藏高原碉楼研究》（石硕等，2012）中依据地理范围和形态、构造不同，将其分为喜马拉雅和横断山两大区系，康巴藏区的高碉属于横断山区系主要分布区域，具有分布最为密集、留存数量最多的特点，在五大流域中呈现出自东向西数量和密度逐渐减少的分布格局。

最早记载隋朝时川西高原高碉形态及其防御功能的是《北史·附国》："无城栅，近川谷，傍山险。俗好复仇，故垒石为碉，以避其患。其碉高至十余丈，下至五六丈，每级以木隔之。基方三四步，碉上方二三步，状似浮图。"清乾隆金川战役以前，以大渡河上游大、小金川流域为核心的嘉绒藏区是高碉分布最为密集的地区，几乎户户建碉，村村设置碉卡；但凡部落有重大决定都要在高碉下颁布，凡遇喜庆年节，也要在高碉下举行集会以示庆贺；家中的经堂也多设于高碉中，称之为经堂碉，故有"拆房但不拆碉"的习俗；甘孜州丹巴县等个别地区甚至形成家中生子必建碉的习俗，每年加建一层，直至18岁为止，并在高碉下为其举行成年礼。尽管清乾隆金川战役后，强制拆掉了大量高碉，但20世纪上半叶，藏学家任乃强先生到此考察时，聚落形态仍保持"无城而多碉"的显著特征。

2. 高碉的类型和布设模式

高碉按布设位置可分为寨碉、家碉、寺碉和官寨碉等四种（图2-30）。其中，寨碉一般以聚落为单位共同修建，比家碉高大雄伟，按功能不同可分为界碉、风水碉、烽火碉和要隘碉等类型。《四川藏区的建筑文化》（杨嘉铭、杨环，

寨碉

家碉

寺碉

官寨碉

图2-30　高碉类型

2007）中对不同类型寨碉功能用途和选址模式的总结具有代表性："多数碉为一碉多用，既可防御作战，又可作通风报信、瞭望的烽火碉和把守关口要道的要隘碉。少数碉功能则较单一。例如风水碉，往往在一个村寨，或是一个土司辖区内只建一座，其功能类似于内地在风水宝地上修建的佛塔。界碉一般建在部落与部落、土司与土司、村寨与村寨之间自然分界线不明显的地方，作为界标，以尽量避免因边界发生的争端或纠纷。烽火碉和要隘碉一般都修在视野开阔的山梁或谷口、要道旁，以作瞭望和警戒用。"家碉以家庭为单位各自建造，采用碉与房相连的模式，一般只作贮藏和防卫之用，不住俗人，多见于大渡河流域的嘉绒藏区和雅砻江流域的木雅藏区，且多将顶层作为经堂或视为神灵居所，分别称之为经堂碉或"拉康"神殿，不准外人进入。寺碉仅在少数苯教寺院中见到，如四川省阿坝州金川县苯教昌教寺及其活佛家庙，另外，四川省阿坝州壤塘县噶举派曾克寺和西藏自治区山南地区洛扎县原噶举派赛卡古托寺中也建有寺碉（图2-31），

阿坝州壤塘县曾克寺高碉

山南地区洛扎县赛卡古托寺高碉

图2-31　藏区噶举派寺碉

寺碉既可于大殿附近单独建造，也可采取碉与大殿整合的类似家碉的布设模式，仅具宗教用途。官寨碉则是兼具寨碉防卫功能和高大形体以及家碉宗教用途的混合体。

在康巴藏区，一个聚落可布设一至数个高碉。其中，于聚落中布设1~2个高碉的做法最为普遍，各地都有见到（图2-32），布设三个以上高碉的做法，仅在嘉绒藏区和木雅藏区中的扎巴地区才能见到。

高碉之间的布设距离一般不超过弓箭射程，高碉间互为犄角，层层设防，共同构建出一个完整的防御体系。群碉防线具有极大的可塑性，即使战斗中部分高碉被攻克，剩余的高碉也能立即重新构建出新的防线，具有极高的防御效能、极低的建造成本以及极快的建造速

双碉

三碉

群碉

图2-32　高碉布设数量

度，难怪清乾隆时期区区弹丸之地的大、小金川能抵御十万清兵前后长达七年的两次进攻。

2.4.5　隐含习俗内涵和防风效能的路网构成模式

表面上，藏区聚落路网结构与普通山地聚落路网结构没有差别，均为顺应地形形成的、具有拓扑特点的山地立体网状结构。但对应出行目的和宗教习俗来看，就会发现其中包含了三个不同的路网系统：一是满足生产活动的山地立体路网子系统，其中，农耕用地内多为网状路网结构，草场放牧多为带状路线，是聚落中最基本的路网子系统；二是由日常转经小环线串联而成的路网子系统，一般包含环绕寺院或大殿外围转经环路以及环绕佛塔、洞科房、嘛呢石堆等的多条微型转经环路，也可根据个人需要，灵活选择其中任何一到多个节点来转；三是年节转经大环线构成的路网子系统，包含聚落环境中所有三界神灵居止地的多环串联而成的转经环路，如神山顶上的拉卜则，圣湖、聚落出入口以及邪祟处的佛塔和嘛呢石堆，田地中的神龛、神树等全部节点。上述三个子系统相互叠加，使藏区聚落路网系统在满足基本生产生活的基础上，成为一个隐含了多个转经环线的、具有丰富宗教文化习俗内涵的复合路网系统（图2-33）。

图2-33　隐含宗教习俗内涵的道路系统

　　为了赋予人居环境吉祥寓意，还有将聚落道路平面格局直接塑造成吉祥符号的做法。如四川省阿坝州马尔康县卓克基官寨聚落——西索村民居群采用环形布局，道路平面最初就是按照顺时针万字符形环绕中部广场布设的，寓意人们绕寨和绕寺转行都有祈福之功。

　　另外，当民居建筑群采用带状和面状布局时，其道路结构系统布局往往采取折线形或折曲线形的路网，加上道路空间形态的收放与交错变换，既方便顺应地形布设建筑，又可以减缓冬季高原上寒风肆虐的速度，减少住地的热量消耗和降低人们的出行难度。与之相同，寺院僧舍群采取面状布局时，其道路系统也采取同样的形态做法。

3

❊ 康巴藏区碉房体系的 ❊
典型建筑形态

寺院、民居和高碉是康巴藏区三种主要的碉房建筑类型，可以涵盖宗教与世俗两类不同性质的建筑类型。与卫藏、安多藏区相比，上述建筑类型在群体、院落、单体、细部等各层面的形态构成模式及其地域衍型，既具有藏区建筑形态构成的共性，又因康巴藏区独特的自然环境和人文历史背景，而在区域整体与内部构成两个层面上均呈现出较为鲜明的地域特色。

3.1

❖

统摄于宗教法伦的寺院形态

从苯教与藏传佛教的传播过程可知，康巴藏区各教派及其寺院的基本格局和建筑式样的兴替与卫藏藏区的发展状况一脉相承，各教派寺院皆按本教派规定或仿西藏等地本教派著名寺院的建筑修建，具有教派传承历史悠久、寺院殿堂空间形态类型齐全的特点，仅在营造技术上呈现出因地制宜的地域性特点。

寺院按教派不同，可分为藏传佛教寺院和苯教寺院两大类；按建筑形态不同，可分为碉房式、帐篷式和洞窟式三大类（图3-1）。其中，碉房式寺院广泛分布于农区，是本书的研究对象；帐篷式寺院仅分布于高原牧区，以适应游牧迁徙的生活习俗和减少对草地的破坏；洞窟式寺院极少，比较知名的有阿坝州马尔康县毗卢遮那窟。

碉房式寺院

帐篷式寺院

洞窟式寺院

图3-1 寺庙建筑形态类型

3.1.1 以大殿为中心的寺院建筑群布局模式

1. 寺院建筑群的基本构成

苯、佛寺院建筑群均可划分为大殿区、僧舍区与宗教设施等三个基本单元。其中，大殿区以措钦大殿、护法神殿以及配套的厨房等功能用房最为基本，是寺院举行各类宗教活动的主要场所；僧舍区包括活佛住宅（藏语称为"纳章"）与普通僧舍，为活佛与僧侣们平日居住与修行的场所；宗教设施包括佛塔、转经筒、嘛呢石堆、煨桑炉、经幡柱以及圣迹等，有镇邪祈福与烘托宗教氛围之用，在康巴藏区有部分苯教寺院还配建有高碉。规模较小的寺院往往将殿堂乃至僧舍组合成一栋院落式建筑，大型寺院中往往有多个殿堂组成的大殿群，并可按照寺属措钦—扎仓属佛殿—康村属佛殿三级佛殿体系按需配置。

2. 早期苯教时期的宗教建筑

无论是寺院建筑群体布局，还是寺院的中心与边界构成，均在满足宗教功能需要的基础上，兼具宗教理想布局模式的象征内涵。

公元7~9世纪，在一直信奉雍仲本教的吐蕃王朝中，印度佛教以"天降宝物"的形式于第二十七代赞普拉托托日年赞时期首次出现在吐蕃，并于第三十三代赞普松赞干布时期始得积极弘扬，但正如《旧唐书·吐蕃传》中载"多事羱羝之神，人信巫觋"，其影响范围和程度极为有限。直到第三十八代赞普赤松德赞时期，才首次建立佛、法、僧三宝俱全的佛教寺院，并取代苯教成为吐蕃王朝的国教。

相较而言，在漫长的吐蕃王朝世系中，西藏上古文明的精神世界更多是建构和维系于苯教宇宙观和信仰体系之上，其仪轨的生成和完善也取决于当时人们的生活状态。在原始苯教杜耐和祭坛的基础上，出现了"塞喀尔"城堡和"塞康"神殿两种新的建筑类型，其中，"塞喀尔"城堡是苯教巫师和赞普举行祭祀活动的主要场所，位于西藏山南泽当踞山而立的第一代藏王宫殿——雍布拉康应与其具有相似的建筑特点；"塞康"神殿为供奉雍仲本教祖师敦巴辛绕的小型矩形殿堂建筑，到公元8世纪，苯教塞喀尔、塞康、塔和擦擦等建、构筑物已成为拉萨地区主要的宗教文化景观。

3. 佛教寺院建筑群布局模式

佛教正式传入藏区后，早期兴建寺院时采用的两种布局模式均源自印度。一是僧房院式建筑布局，以第三十三代赞普松赞干布时期由尼泊尔赤尊公主主持建造的大昭寺为代表。其大殿为内院式殿堂建筑，平面为82.5m左右的方形，东侧佛堂和西侧门廊处外廊略向外扩出呈凸字形，中央为方形天井，四周环绕着一圈外廊和几十个供奉诸佛和护法神的殿堂（图3-2）。与印度佛寺建筑中属于僧房院形制的毗诃罗（Vihara）极为类似，公元7世纪中叶，大唐高僧玄奘法师到印度求法时驻留过的那烂陀寺（Nalanda）僧房院就是采用的这一形制。

另一是"曼荼罗"式建筑群布局，原是藏传佛教密宗修行者按照佛教宇宙观同主尊和护法等神灵沟通的场所，以供奉主尊和护法神的殿堂为中心，其余经院、殿堂、佛塔以及僧舍群等建筑群环布于其四周，以直观的建筑形态象征性地表达佛教对宇宙空间构成模式的认知和聚集文化内涵。公元779年，第三十八代赞普赤松德赞主持建成桑耶寺，是西藏佛教史上第一座完全按照佛教曼荼罗模式布局和完全意义上佛、法、僧三宝俱全的佛教寺院。该寺以中央坐西朝东的乌

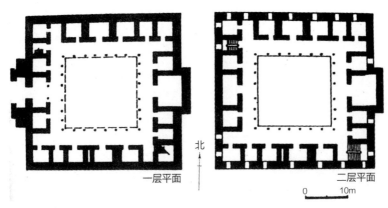

一层平面　　　　二层平面

北

0　　10m

图3-2　大昭寺中心佛殿平面示意图（一、二层原状）

桑耶寺全景壁画

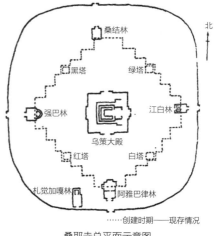

桑耶寺总平面示意图

图3-3　按照曼荼罗中心对称模式布局的桑耶寺建筑群

策大殿象征世界中心"须弥山"，以其顶部五个攒尖屋顶象征须弥山顶的五座山峰；于大殿南北分建上亚厦之满贤神殿与下亚厦之善财神殿，分别象征"日轮"与"月轮"；于大殿四角分建白、青、绿、红四座佛塔，象征四天王天；环绕大殿外围四方分建四组偏殿，每组三座共计十二座偏殿，象征须弥山四方咸海中的四大部洲和八小部洲；并在创建时，用折角形围墙将四方偏殿与四角佛塔连接起来，象征世界边界"铁围山"（图3-3）。另外，这一布局模式在文化上也符合佛教《时轮经》对宇宙结构的认知，认为宇宙结构在竖向空间格局上由下向上分为欲界、色界、无色界等三界（图3-4）。以众生居住的寺院外的民居聚落象征欲界，以经院和僧舍象征色界，以大殿及其顶部象征超越物质世界的无色界，一切未脱离轮回的有情众生皆生死往来于三界之中。

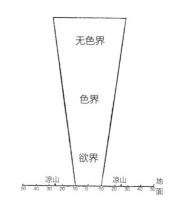

图3-4　《时轮经》所说宇宙结构立体层次示意图

在此之后，再未出现严格按照曼荼罗中心对称式建筑群布局的寺院，而采用按照"宗教设施—僧舍—大殿（群）"空间秩序布局的中心圈层式布局模式，既象征围绕主尊的聚集文化，于内修行可获得加持力，又有利于提高寺院的防卫性能。大殿（群）可不居于寺院总平面的几何中心，但凭借其高大的体量与鲜艳的色彩，成为统帅寺院建筑群乃至整个寺院型聚落形态的视觉中心，并以距离大殿的远近来暗示僧舍主人的地位，如活佛、堪布、格西等的居所往往离大殿最近；以有形的围墙或柔性的绕寺转经道[1]作为宇宙边界铁围山的象征以及僧俗世界的界分标识，完整体现出曼荼罗宇宙模式和佛教三界观这两个佛教寺院建筑群布局模式的文化象征内涵。雍仲本教也有类似的曼荼罗宇宙模式，因此苯教寺院建筑群布局也呈现出相同的环绕中心的布局模式。

在康巴藏区，寺院建筑群有类中轴线式与自由式两种布局模式。其中，类中轴线式往往以大殿与部分僧舍或回廊，共同围合出一个具有明显轴线感的巨大院落式主体建筑，其余附属建筑则均衡布局在其周围，整个寺院建筑群整体形态虽非绝对的中轴对称，但整体上具有极强的统一性，且能更好地适应山地地形，为中、小型寺院广泛采用（图3-5）。

自由式往往先在符合宗教仪轨认定的地点布设大殿（群），然后以之为核心，顺应地势，在其周围布设僧舍与宗教设施，形成环绕大殿（群）的圈层式群体布局，并可根据寺院规模、经济水平、用地条件以及分期建设等进行灵活变通，故而成为藏区各地寺院布局的主要模式，就连格鲁派的六大主寺[2]，也均是采用这一群体布局模式（图3-6）。

康巴藏区地处横断山脉地区，用地局促，自由式布局模式得到广泛应用。如

---

[1]《藏传佛教寺院考古》（宿白，1996）一书考证，环寺转经道形成于15世纪，既有可能是当时藏传佛教兴盛，为避免殿堂内部拥挤而采取的缓解措施，更可能是15世纪中叶以后，各教派寺院纷纷参与政权的争夺，各寺为了防备重要殿堂遭到破坏，而将在大殿内外转经的信众分流至寺周转经。

[2] 格鲁派六大主寺包括位于西藏自治区拉萨市的甘丹寺、哲蚌寺、色拉寺与日喀则市的扎什伦布寺、甘肃省夏河县的拉卜楞寺以及青海省湟中县的塔尔寺。

类中轴线式布局的丹巴县林钦寺及其鸟瞰图

类中轴线式布局的道孚县惠远寺及其鸟瞰图

类中轴线式布局的康定县塔公寺及其鸟瞰图

图3-5　康巴藏区采取类中轴线式布局的寺院

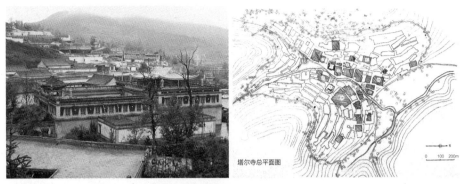

塔尔寺总平面图

青海省湟中县塔尔寺及其总平面示意图

拉卜楞寺总平面图

甘肃省夏河县拉卜楞寺及其总平面示意图

图3-6　采取自由式布局的格鲁派主寺

四川省甘孜州甘孜县格鲁派甘孜寺与新龙县宁玛派则热寺就是分别在山腰与山脊用地宽裕的台地上布设大殿群，然后在其周围沿等高线布设僧舍与宗教设施。位于阿坝州马尔康县卓克基镇查米三队山上的宁玛派毗卢遮那窟地处落差巨大的峡谷，为自由式布局极致案例，从山下宗教仪设，到山腰的僧舍，再到殿堂与活佛住宅，空间上相互分离，视线上互不相见（图3-7）。

3.1.2　整合了建筑群体空间的寺院殿堂院落

寺院大殿前必有一宽敞空间以满足人流集散的需要。用地宽裕时，可作为僧人日常辩经、煨桑的场所；遇到宗教节庆时，还可作为展佛、表演等宗教活动的

自由式布局的新龙县则热寺及其鸟瞰图

自由式布局的甘孜县甘孜寺及其鸟瞰图

山腰僧舍   山脚宗教设施   山顶洞穴大殿

自由式布局的马尔康县毗卢遮那窟

图3-7 康巴藏区采取自由式布局的寺院

场所，是寺院中最具代表性的院落空间[①]。

    殿堂院落空间的界定既可单靠大殿（群）围合，也可由大殿与厨房、僧舍或围廊共同围合而成。根据空间限定程度不同，可分为开敞式和封闭式两种院落类型。

---

① 寺院殿堂、僧舍均设有院落，但活佛纳章与普通僧舍的院落在性质与功能上均属住宅院落，故不在此讨论。

　　开敞式殿堂院落是指围合院落的建筑与大殿间相互分离，院落边界封闭程度差，具有开放特征，但更有利于展示大殿（群）本身的形态特征。如四川省甘孜州白玉县宁玛派白玉寺利用多座大殿限定出殿前院落，新龙县苯教益西寺利用大殿与呈行列式排布的僧舍、围廊、厨房等共同围合出殿前院落。在用地宽裕时，还可将殿前院落扩展成殿前广场，如四川省甘孜州炉霍县格鲁派寿灵寺，大殿群呈"一"字形展开，既可从宽阔的殿前广场俯瞰山脚下的炉霍县城，又可从县城遥望到寺院中心白墙红檐的大殿群（图3-8）。

　　封闭式殿堂院落是指大殿与围合建筑整合成一体，形成一个封闭的院落，具有土地利用率高、增加使用面积、提高殿堂防卫性能等优点，并可扩大殿堂外观尺度规模，强化其在寺院整体中的视觉中心效用，被康巴藏区不同规模的苯、佛寺院广泛应用（图3-9）。

大殿、僧舍、围廊共同围合的开敞院落

大殿群围合的开敞院落

炉霍县寿灵寺殿前开敞式广场

图3-8　康巴藏区各种开敞式殿堂院落形式

图3-9 康巴藏区封闭式殿堂院落

3.1.3 与宗教活动相适应的殿堂建筑形态

1. 殿堂建筑分类

殿堂建筑可按建筑材料与结构类型不同，分为石木混合结构、土木混合结构以及与井干式混合结构等类型。其中，石木混合结构型殿堂采用石砌外墙和木框架混合承重结构，墙面内直外斜，收分明显，建筑风格厚重粗犷，广泛应用于石材丰富的高山峡谷地貌区。土木混合结构型殿堂采用夯土外墙或土石混合外墙同木框架混合结构承重，形态与石木结构型殿堂相近，广泛应用于多土少石的高原宽谷地貌区。与井干式混合结构型殿堂底层多采用土木或石木混合结构，二层以上局部或全部采用井干式墙体，木墙上涂绛红色的涂料，多应用于林木丰富的高山峡谷地貌区（图3-10）。

也可按建筑风格不同，分为藏式平顶型和藏汉风格结合型。其中，藏式平顶型殿堂广泛应用于藏区各地，以平顶、收分墙身、牛角形窗洞饰带、边玛草檐墙为造型特征。藏汉风格结合型殿堂主体采用藏式，仅在藏式平顶上局部或全部覆盖汉式坡屋顶，主要分布在东部的大渡河与雅砻江两大流域各地以及茶马古道沿线城镇中。但近年来交通的改善，使得这一做法的应用范围向西部三江流域扩展。

2. 殿堂建筑形制演变

除了意大利学者杜齐在《西藏考古》中发现的用于祭祀活动的大石遗迹外，早期苯教还有另外两种被广泛应用的祭拜和修行类建筑。一种是苯教信徒们聚集起来进行宗教活动的固定场所——"杜耐（vdu-gnas）"，据藏学家才让太先生考证，它极可能是藏族历史上第一个有文字记载的宗教建筑群，也是象雄苯教刚刚传入吐蕃后建成的第一

石木混合结构殿堂

土木混合结构殿堂

与井干式混合结构殿堂

图3-10　康巴藏区寺院殿堂类型

类固定的苯教活动场所。并随着苯教在卫藏藏区的广泛传播，从吐蕃雅隆王朝第二代赞普木赤赞普开始，得到大规模的兴建，可惜无实物遗存可考。

另一种是可能来自象雄、以供神为主同时可进行宗教活动的场所"塞康（gsas-khang）"，因兼具宗教仪式与神像供奉而得到推广应用。"塞（gsas）"是象雄文"神"的意思，"康（khang）"是藏文"殿堂"之义，合在一起指称苯教

神殿,是早期苯教本尊和护法的祷祀之神殿,是寺庙不可缺少和极为特殊的殿堂之一,地位相当高。《苯教塞康文化再探》(才让太,2001)一文通过对现存青海湖地区现存苯教塞康神殿的调查,按照古人表达敬仰的方式和流线布局不同,归纳出两种常见的平面形制:一类是在方形殿堂平面中心设座供奉以苯教祖师敦巴辛绕为核心的塑像群,并在像周留出一圈转经道,我们可称之为"转经型"。该形制最早见于吐蕃时期建造的小昭寺、拉萨旧木鹿寺藏巴堂等一些小型寺庙,在康巴藏区的寺院中也有应用(图3-11)。另一类是在方形殿堂紧靠后壁中央设座供奉以苯教祖师敦巴辛绕为核心的塑像群,可称之为"叩拜型",为藏区各地寺院中的护法神殿所广泛采用①(图3-12)。

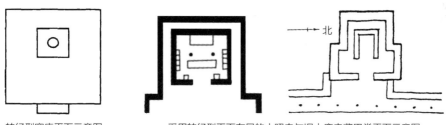

转经型塞康平面示意图　　　　采用转经型平面布局的小昭寺与旧木鹿寺藏巴堂平面示意图

采用转经型平面的马尔康县丹达龙寺大殿

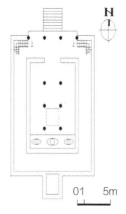

图3-11　转经型殿堂平面形制

---

① 据《藏族大辞典》(丹珠昂奔等,2003)载,护法神是护卫佛法的神灵。神鬼等皆属无色界,他们具有非凡的神通,可施益于众生,也可伤害众生。皆由释迦牟尼佛或其他高僧大德收服,立誓顺从佛法,护卫佛法,也护卫修习佛法之人,使其免受内外而来的灾害。有世间护法神与业力护法神之分。

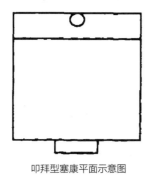

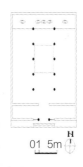

01 5m

叩拜型塞康平面示意图　　　　　采用叩拜型平面形制的丹巴县布各龙寺大殿

图3-12　叩拜型殿堂平面形制

据文献记载，从第一代聂赤赞普到第三十二代南日松赞（松赞干布之父）时期，几乎每一位赞普都有修建一个塞康的习俗。其建造技术和建筑形态对后来的苯、佛寺院建筑产生了深远的影响。《世间苯教源流》指出，"按照苯教塞康的造型，修建了桑耶伦布泽、塔杜和茹南的神殿等。总之，声称要修建一百零八座神殿，但实际上只建了三十座……"。可见松赞干布时期，包括文成公主兴建的部分镇肢寺在内的佛教建筑都是以苯教塞康为原型。到第三十八代赞普赤松德赞灭苯兴佛时期，部分苯教塞康通过改宗佛教而得到延续，并更名为佛教对神殿的称谓——"拉康"，"塞康"形制也随着苯教转向安多与康巴藏区发展。

虽然印度佛教建筑对藏区寺院建筑形制的形成有一定影响，但更直接和更重要的影响却来自西藏本土的苯教塞康，从宁玛派的玛内康（ma ne khang），再到藏传佛教各派寺院措钦大殿和护法神殿的平面形制均与之具有一脉相承的关系。由宿白先生《西藏寺庙建筑分期试论》一文中对佛教传入西藏后不同时期重要殿堂平面的调研统计可见，公元7～10世纪西藏寺院建筑兴起阶段，苯教塞康神殿是绝大部分佛教寺庙殿堂建筑效法的源自藏域本土的建筑形制原型。如吐蕃王朝时期的桑耶寺乌策大殿、小昭寺、文成公主建造的用来镇压魔女的魔胜寺等早期寺庙建筑均与之具有一脉相承的关系。可以将这种以叩拜为主、殿内无僧众席或僧众席极少的殿堂形制称为"佛殿型殿堂"。

10～14世纪，藏域教派林立，不仅大殿规模得到扩大，僧众规模也在不断增加，尤其是僧众聚集的经堂空间得到显著扩展，在此基础上发展出佛殿和经堂两段式殿堂平面形制，以及防卫性和功能性更加完备的佛殿、经堂和前廊三段式殿堂平面形制。佛殿内供奉该寺院的主尊，像前多设有供桌。经堂内平行中轴线纵列摆放卡垫，高而装饰豪华的卡垫多为活佛、领诵者、戒律师专用。15世纪后，主要是佛堂平面的变化：一是随着信众的增加，出于寺院安全的考虑，取消佛殿转经道，改为殿外转经道与绕寺转经道。另一是将整间佛殿改为并列的二至三间佛殿，均属于较高等级。在康巴藏区，该形制多见于各教派主寺佛殿中（图3-13）。

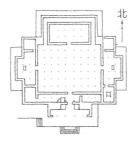

整间佛殿平面形制

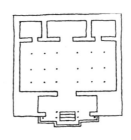

多间佛殿平面形制

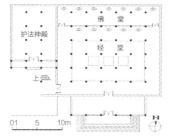

单间佛殿的苯教益西寺大殿

多间佛殿的萨迦派更庆寺大殿

图3-13 卫藏与康巴藏区寺院殿堂形制

　　但在康巴藏区，常见将三段式殿堂形制中的佛殿与经堂合二为一的变化做法，殿、堂布局由"日"形合并为"口"形大空间，于殿堂后壁排列佛像与各类宗教供奉设施，佛像前部空间与大殿内部外圈柱廊共同构成一圈室内转经道，中部为僧众坐席区。其中，主持活佛的座位靠佛像一侧居中布设，周围是垂直于佛像平行布设的多列僧众坐席，佛像与僧众席区之间无分隔。前面加设前廊的两段式平面布局形制，这一平面形制在苯教与藏传佛教各派寺院殿堂中均有应用，尤其在宗教等级地位较低的中、小型寺院殿堂中得到普遍采用（图3-14）。

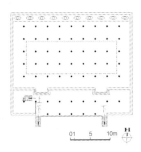

小金县格鲁派达维寺大殿及平面示意图

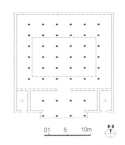

新龙县宁玛派珠登寺大殿及平面示意图

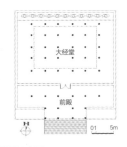

康定县萨迦派塔公寺大殿及平面示意图

图3-14　康巴藏区采用殿堂合一型平面的寺院大殿实例

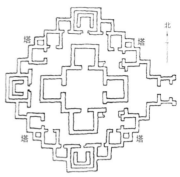

图3-15　阿里托林寺迦莎殿

　　除了藏域本土的苯教塞康外，在佛教寺院文化兴起后，礼拜神佛的殿堂形制还有另一种取法印度佛教建筑的尝试，即将完全按照曼荼罗模式布局的寺院建筑群浓缩于一栋建筑上。公元996年，阿里古格王国国王意希沃在札达县西北的象泉河南岸台地上仿照桑耶寺建造了托林寺，是阿里地区规模最大的寺院和西藏佛教后弘期最早兴建的寺院之一（图3-15）。其"迦莎殿则把桑耶寺一组庞大建筑群所表现的设计思想和内容，组织在一幢建筑之中。中间的方殿表示须弥山，环廊外围四向的四组佛殿分别代表东胜神三洲、南瞻部三洲、西牛贺三洲、北俱卢三洲；四角四座佛塔代表四天王天等"（古格王国建筑遗址，1988）。这种以单座大殿象征曼荼罗的做法，拓展了桑耶寺模式推广应用的可能。但在其后的发展中，这一模式没有延续下来成为殿堂平面形制的主流。在康巴藏区，仅有注重密法的宁玛派嘎拖寺、白玉寺、五明佛学院等少数大寺有完全按照立体曼荼罗模式建造的坛城殿，平面有方形、圆形、多边形等多种形式，被视为寺院中一种极为殊胜的殿堂形制（图3-16）。

3. 殿堂主次空间的有机结合

　　由于大殿是僧众云集与佛像安置的场所，空间宽敞而高大，为节省用地，康巴藏区寺院殿堂有如下三种提高空间利用率的做法。一是于大殿经堂转经道上空增设夹层，可用作回廊、寺院管理机构、活佛住宅、贮藏经卷、宝物与法器等的

白玉县嘎拖寺坛城殿　　　　　　　　　　色达县五明佛学院坛城殿

图3-16　宁玛派寺院坛城殿

库房乃至护法神殿等空间，有"一、L、U、口"等多种平面布局形式，夹层栏杆、墙面装饰有助于烘托室内宗教氛围与丰富经堂空间尺度层次，在保持僧众席区顶部必设采光天窗的"都纲式"做法的同时，又提高了大殿空间的利用率；二是部分中、小型寺院于经堂两侧加建库房或护法神殿；三是少数寺院在大殿顶上增加层数，既可作寺院会议室等空间之用，又可使殿堂更显宏大。这些附属空间的有机融入，不仅丰富与完善了寺院大殿的竖向空间构成，而且也使得作为寺院核心的殿堂，功能更为完备（图3-17）。

4．殿堂外部形态及其文化内涵

殿堂正立面一般采取三段式构图，竖向上包括台阶、屋身与屋顶三段，横向上则以中部入口门廊划分为左、中、右三段，也有少数寺院大殿在此基础上继续作横向扩展（图3-18）。

在竖向构图中，由于在"曼荼罗"宇宙构成模式中，寺院大殿象征着须弥山，殿顶坡屋顶象征着须弥山的顶峰，故而，尽管有不少寺院大殿采用平屋顶，但仍以建造坡屋顶为吉祥的标志，甚至作为统摄殿堂整体形态的造型重点。通常寺院大殿的坡屋顶有两种覆盖规模：一是局部覆盖，即仅在屋顶凸起部分叠加坡屋顶。由于体量小，不影响大殿经堂与佛殿上空设置的凸出屋顶的采光高侧窗，

大殿内设夹层　　　　　　　　　　　　　大殿二层回廊内景

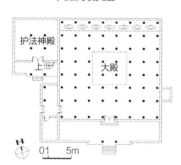

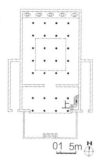

丹巴县曲登沙寺三段式大殿立面　　　　　丹巴县布科寺五段式大殿立面

甘孜县格鲁派甘孜寺大殿屋顶加层

图3-17　寺院殿堂主次空间的有机结合

乡城县桑披寺大殿三段式立面　　　　　　　丹巴县布科寺大殿五段式立面

图3-18　寺院大殿正立面构图

雅江县郭沙寺大殿局部覆盖坡屋顶　　　　　新龙县朱登寺大殿整体覆盖坡屋顶

图3-19　大殿坡屋顶的覆盖规模

因而为大多数寺院所采用。二是整体覆盖，即整个屋顶全部采用坡屋顶做法。由于坡屋顶尺度大，极具气势，因而，一些规模不太庞大的寺院殿堂喜用此屋顶做法。但为了保证殿内采光，要么采用局部断开坡屋顶，以留出采光面的做法，要么采取重檐做法，利用屋面间的空隙作为殿内采光带（图3-19）。

　　由于康巴藏区靠近汉族地区，受其影响，坡屋顶形式变化更为丰富。在屋面材料上，除藏区常用的铜皮、铝皮、石板瓦、木板瓦外，还有小青瓦与彩色琉璃瓦（图3-20）。在屋顶构架做法上，除极少数寺院坡屋顶支架采用斗栱外，更多的是采用在平屋顶上直接叠加三角形屋架与穿斗式屋架两种做法（图3-21）。在屋顶形式上，除有简易的悬山式屋顶外，更多采用歇山式屋顶，并有单檐与重檐等多种形式（图3-22）。屋面坡度受到屋面材料与坡屋面大小的影响，一般来说，坡度较大时采用金属板材屋面，坡度较小时采用块材屋

鎏金铜皮坡屋面

石板瓦坡屋面

琉璃瓦坡屋面

小青瓦坡屋面

图3-20 寺院大殿坡屋面材料

简易三角形屋架构造

简易三角形支架形成的坡屋顶

穿斗式屋架

图3-21 寺院大殿坡屋顶构架形式

歇山屋顶　　　　　　　　　　　　　重檐歇山屋顶

图3-22　寺院大殿歇山屋顶形式

图3-23　寺院大殿入口门廊

顶；且屋顶面积小时，喜用大坡度，以加强视觉效果，而屋顶面积大时，则喜用小坡度，以节省屋架用材。

　　在横向构图中，寺院殿堂正立面设置的入口门廊，具有极强的功能意义。一方面，门廊的设置可增加殿堂的空间层次，不仅有助于保持大殿内部静谧的空间氛围与独特的光环境，而且有助于提高寺院殿堂的防卫能力；另一方面，由于该位置朝阳，因而门廊上部空间通常还可以用作活佛住宅，与两侧墙面形成强烈的虚实与尺度对比，是大殿正立面的视觉中心，常作为立面装饰的重点部位（图3-23）。

3.2
— ❖ —
满足生产生活的民居形态①

康巴藏区民居的形态构成具有藏区民居的共性，但为化解农业发达与用地紧张的矛盾，而在院落、建筑空间以及形态构成元素等方面，表现出极富特色的地域性特征。

3.2.1　独具地域特征的民居院落

康巴藏区碉房民居院落空间至少可分为用作牲畜圈与入口过渡空间的外院、兼具室内采光通风与交通联系功能的天井以及多用途的屋顶晒台等三种类型，它们既是藏区碉房民居的共性特征，又因康巴藏区独特的自然地理环境，而呈现出鲜明的地域特色。

1. 不同民居院落形式各司其职

1）外院

在康巴藏区，大多数民居底层都设有外院。既是人流与牲畜共同的出入口，又可作为牲畜圈、干活以及堆放杂物的场所。但在寺院中，一般僧人因不从事生产，僧舍大都不设外院，活佛纳章的外院主要是便于人员往来，功能较为单一（图3-24）。

外院平面形式多样，如矩形、L形、U形等，视用地条件自由布置于民居周围，但外院与民居间无轴线对位关系，形式上既可用围墙围合，也可结合牲畜棚与杂物间等空间来围合（图3-25）。

---

① 本书主要以碉房民居为研究对象。僧舍与官寨在建造技术、形态构成、功能布局模式等方面与民居具有相似性，在功能上，僧舍可视为没有锅庄层的民居，官寨可视为融合了行政功能的大型民居，只作提及，而不再另述。

作为牲畜圈与入口通道的外院　　　　　　　　碉房外院中的菜园

理塘长青春科尔寺活佛住宅外院

图3-24　外院用途

不规则形外院　　　　　　　　　　　　　　　矩形外院

围墙围合的外院　　　　　　　　　　　　　　牲棚围合外院

图3-25　外院形式

外院大小因地形地貌和农、牧业所占比重不同而存在明显的区域性差异，一般在以农为主的高山峡谷地貌区中，外院较小甚至没有，而在以牧为主的高原宽谷地貌区中，外院面积较大，在甘孜—炉霍—道孚一线，因海拔较低，气候适宜，还可于外院种树栽菜，或采取多进院落的形式，进一步细分外院功能。

2）天井

民居平面较大时，往往要设置天井，以解决室内采光、透气，防风沙效果也优于外院，主要应用于高原宽谷地貌区。官寨因体量巨大，除外院外，一般都设有一至多个天井。

一般采用矩形平面，并围绕天井设有环形回廊，竖向上既可贯通民居各层，也可仅在牲畜层以上设置，底层牲畜圈仅留天窗采光（图3-26）。

3）屋顶晒台

屋顶晒台可设置在各层屋面，用作日常生活、农产品加工晾晒以及煨桑敬神等场所，有"口、回、L、T、Z"等多种平面形式，布设位置灵活，周围可环绕布置锅庄、客厅、卧室、贮藏、经堂、敞口屋、檐廊等不同性质空间（图3-27）。如在西藏自治区昌都地区昌都县、左贡县以及四川省甘孜州道孚县等地，多于晒台周围设置外廊，用作农作物晾晒与临时存放（图3-28）。

嘉绒藏区民居还有利用地形高差或在外院中设置楼梯的方式，将二层屋顶晒台作为人们进出碉房通道的做法，由于人畜分流，人居层的室内卫生状况得到极大改善（图3-29）。

2．康巴藏区民居院落的特色

藏族碉房民居院落由下向上按照畜、人、神佛的顺序布设，既与佛教"牲畜—人—佛"的轮回秩序相一致，又与苯教"山神在天上，人畜在地上，龙神在地下"的"三界"宇宙竖向构成模式相对应，从而使院落布设模式具有藏族宗教文化的内涵特色，并在形式上获得一致性。

在三种院落形式中，尤以屋顶晒台形式最具特色，具有阳光充足、视野开阔、防卫性能较强、增加楼居户外活动场地以及占天不占地等优点。康巴藏区碉房民居因层数

甲点室内透视图

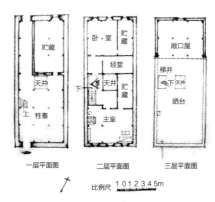

一层平面图　　　二层平面图　　　三层平面图

比例尺 1 0 1 2 3 4 5m

巴塘县民居天井

五层平面图

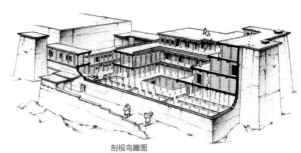

剖视鸟瞰图

甘孜县孔萨官寨天井

居住层上的天井

贯通各层的天井

图3-26　天井形式

T形屋顶晒台

L形屋顶晒台

矩形屋顶晒台（一）

矩形屋顶晒台（二）

图3-27　屋顶晒台形式

图3-28　设外廊的屋顶晒台

利用地形高差在屋顶晒台设入口

在外院设室外楼梯上至屋顶晒台

图3-29　利用屋顶晒台实现人畜分流的做法

相对较多，尤其是在大渡河流域的嘉绒藏区和雅砻江流域的扎巴藏区，农业发达，设有多层屋顶晒坝，屋顶晒台面积甚至超过碉房占地面积，节地优势非常显著（图3-30）。

　　与羌族碉房民居不同，藏族碉房民居多相互分离，很少将屋顶晒台作为相互往来的通道。其原因有二，一是在藏族传统文化观念中，屋顶是敬奉空中神灵的地方，安放有松科炉、经幡等仪设，忌讳人来人往；二是高山峡谷地貌区的碉房民居层数较多，经堂或神堂多设于屋顶晒台旁，除自家人外，忌讳外人打扰，以免影响家宅平安。如四川省甘孜州南部地区、雅砻江流域的木雅藏区以及大渡河流域的嘉绒藏区等地，碉房民居层数普遍在三层以上，常将经堂设在屋顶晒台旁，屋顶晒台不作为相互往来的通道，既是保持安静的需要，也是对神佛与僧人的尊重（图3-31）。仅有位于金沙江流域的三岩地区，才有利用屋顶晒台作为相互往来和防卫通道的做法。据《西藏贡觉三岩民族旅游资源调查报告》（西藏贡觉县旅

图3-30　康巴藏区有多层屋顶晒台的碉房民居

可相互连通的羌寨碉房住宅屋顶晒台　　　　相互隔绝的藏族碉房住宅屋顶晒台

图3-31　藏、羌碉房民居屋顶晒台用途比较

退台式僧舍　　　　　　　　　用作通道的三岩地区碉房住宅屋顶晒台

图3-32　可作通道使用的康巴藏区碉房民居屋顶晒台

游局、中山大学人类学系，2006）调查，相连的各栋碉房民居实为属于同一父系血缘部落的各家族成员的住宅，尽管它们前后左右连成一片，多的达到数十栋，但因相互往来者均是具有血缘关系的自家人，这些组合在一起的碉房民居实质上是一栋既相互分隔又相互联系的巨型碉房民居。尽管寺院有利用山地地形建造退台式多层僧舍的做法，将下一层僧舍的屋顶作为上一层僧舍门前的活动平台与通道，但由于均为出家人，僧舍属于匀质空间，在本质上与单层僧舍空间构成的内涵相同，因而，均不与藏族传统文化观念相矛盾（图3-32）。

3.2.2　以竖向功能布局为主导的民居空间

1. 层级分明的竖向功能布局

藏区各地的碉房民居均遵循相同的竖向布局原则，即由下向上按照"牲畜—人（包括俗人与僧人）—神/佛"的顺序布设不同的功能层（图3-33）。这一竖向布局模式不仅具有

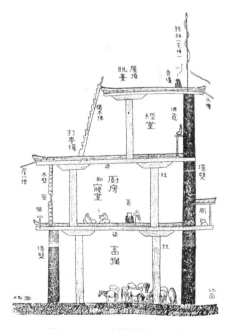

图3-33　碉房民居竖向布局

实用价值，而且也体现出苯教"三界"宇宙观与佛教"轮回"思想的秩序建构原则。

1）竖向功能布局的构成

在各功能层的构成中，一般底层主要用作牲畜圈，有预防牲畜被盗和冬季被冻坏的作用，但夏季气温升高后，牲畜粪便的刺激性气味会向上蒸发，影响上部居住层的环境卫生质量。地上鼓起的石包被视为地下龙神的居止地，平时向石上浇牛奶作为敬奉。二层以上为人居层，主要用作"锅庄房（或称"主室""客厅"）"等起居空间与经堂，不仅可防潮，有利于人体健康，还可通过收起独木梯，阻断与牲畜层的交通，来提高上部居住层的防卫性能。屋顶除用于安设经幡、松科炉等敬奉神灵的宗教器物外，也可作为农产品晾晒、加工的场地，既节地，又防盗。由于农产品也属于宗教场所中常用的供品之一，因而在文化意义上与屋顶空间敬奉神灵的性质具有一致性。

这种竖向布局模式在藏、羌、壮等少数民族地区比较常见，如在羌族民间叙事长诗《木姐珠与斗安珠》中，记述道："石砌楼房墙坚根基稳，三块白石供立房顶上；中间一层干净人居住，房屋下面专把禽畜养。"但各层的功能设置和布局因民族而异。

2）竖向功能布局的影响因素

康巴藏区民居遵循藏族民居竖向布局的共性模式，但因地形地貌和生产方式不同，各地民居的竖向扩展幅度呈现出较为明显的地域性差异。一般在高山峡谷地貌区中，农业发达，多采取增加层数的方式来解决农产品加工、贮藏空间需求大同用地紧张的矛盾，以竖向扩展为主；而在高原宽谷地貌区中，牧业发达，多采取扩大民居占地面积的方式来满足增加牲圈的需求，上部居住层面积亦可随之扩大，层数减少，以横向扩展为主。

3）康巴藏区民居具有竖向扩展幅度大的特色

康巴藏区民居空间形态具有以竖向扩展为主的特色，普遍在3层以上，少数甚至达到7～9层的高度，比卫藏、安多藏区的碉房民居普遍高出1层，具有明显的节地性，是自然地理、气候和文化等因素综合作用的产物，但在扩展方式上存在地域性差异。

一是在底部牲畜圈层中增设夹层，用作贮藏草料或杂物，但底层不开窗，外观仍为1层。主要见于高原宽谷地貌区中农牧业比重相当但用地紧张的河谷沿线地带，如甘孜州金沙江流域的白玉县章都乡、雅砻江流域的甘孜州新龙县大盖乡、甲拉西乡以及大渡河流域的色达县翁达镇等地民居均是如此（图3-34）。

二是在农业较为发达的地区，多采取增加上部空间层数的办法，来扩大贮藏与居住空间面积，康巴藏区有如下三种做法：

第一种是在屋顶部增设敞口屋，在东部农业发达的雅砻江流域木雅藏区与大渡河流域嘉绒藏区等地，甚至还形成多层敞口屋的做法，如四川省阿坝州壤塘县宗科乡普遍在屋顶设有两层敞口屋，最多者可达4层（图3-35）。

图3-34 底层设有夹层的碉房民居

设夹层的多层屋顶敞口屋　　　　　　屋顶敞口屋　　　　　　多层屋顶敞口屋

图3-35 屋顶敞口屋形式

　　第二种是增加中间人居层的层数，扩大贮藏与卧室面积，盛行于嘉绒藏区与木雅藏区中的扎巴地区。如《中路藏族聚落环境调查》（袁晓文，2001）一文中记录，民居在竖向上"一般为5层，每一层都有不同的称谓与功能：一楼称'热瓦'，意为关牲畜的地方；二楼称'嘎华'，意为人居住的地方；三楼称'巴咱'，意为待客的地方；四楼称'嘎底'，意为放庄稼的地方；五楼称'左日'，意为煨桑的地方"。再如阿坝州马尔康县一些富裕家庭还根据冬夏季气候特点，分住于不同的楼层，分别称之为"冬室"与"夏室"。

　　第三种是在人居层增设夹层。该做法仅见于金沙江畔的三岩地区，人居层通高两层，中间贯通，沿四壁环绕设置夹层，用作贮藏与楼梯平台。由于土墙高大，外墙不宜开窗，仅依靠楼梯上人孔透气采光，室内昏暗，通风排烟也不畅，一遇烧火做饭，烟雾弥漫，熏得让人难以睁眼，极其影响居住质量（图3-36）。

2. 以锅庄房为核心的平面布局

　　由于底部牲圈层功能较为单一，内部空间大都依靠梁柱墙等结构构件来划分，而顶层主要用作敬神与农产品晾晒，即使设有敞口屋，平面形式也较为简单。因此，民居平面布局的变化与特色主要体现在人居层的空间布局上，按交通组织形式不同，可分为天井式、屋顶晒台式与串联式等三种平面布局类型（图3-37）。在基本功能构成上，"锅庄房（或称主室、客厅）"是全家人起居休息的主要场所，面积最大，大都布置在东、南两个朝阳以便直接开窗的最佳方位上。在大渡河流域的嘉绒藏区，碉房多采用墙承重式结构，室内无中柱，一般在中央位置摆设火塘，其上方留作敬神，不能坐人，全家围绕火塘吃饭、睡觉（图3-38）。而在康巴藏区绝大部分地区，多采用木框架承重式结构和墙柱混合承重式结构，室内有中柱，灶台多靠外墙设置，座次上以靠近灶台一侧为贵，多为家中长辈或上宾的座位，然后依长幼落座。在藏族传统文化中，火塘锅庄和中柱被视为灶神或祖先神等家神的依附处，一些条件好的家庭还在主室贴墙布设壁柜式佛龛（图3-39），只有时常敬奉，保持干净，才能保佑家人平安、吉祥，而不可有吐口水、烤脚、打屁等亵渎行为。历史上，还有妇女只能到牲畜层去分娩

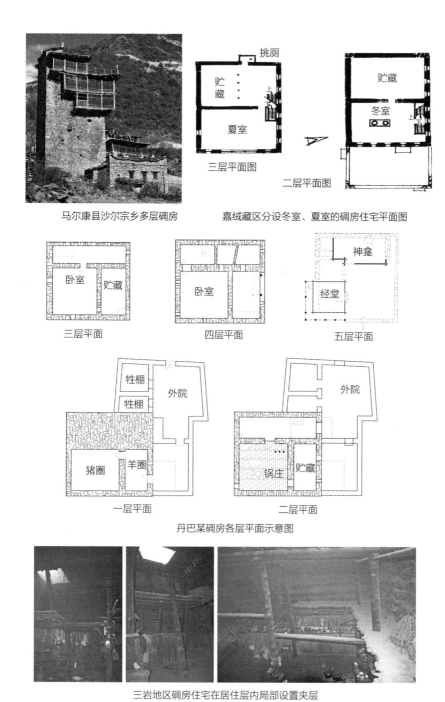

马尔康县沙尔宗乡多层碉房　　　　嘉绒藏区分设冬室、夏室的碉房住宅平面图

三岩地区碉房住宅在居住层内局部设置夹层

图3-36 康巴藏区各种设有多层居住空间的碉房民居

天井式平面布局　　　　　　屋顶晒台式平面布局

图3-37　康巴藏区碉房民居平面布局形式　　　　图3-38　居住层基本空间构成

锅庄房中央设三脚锅庄

地道的三脚锅庄

锅庄房内靠墙设灶台

锅庄房内设经堂

图3-39　锅庄房室内布局形式

图3-40　居住层空间划分　　　　　图3-41　厕所布设位置

和坐月子的习俗，就是为了避免生孩子的血光和污秽冲撞了家神、冲走了福气。藏族习用井干式棚空作为贮藏空间和兼作卧室，安全性和私密性都有所提高。面积较大时，还可划分出单独的经堂、厨房与多间贮存室和卧室（图3-40）。厕所一般布置在北、西两面，远离人居空间，以免影响锅庄房与经堂等神佛依祀空间的空间氛围（图3-41）。

3.2.3　凸现康巴地域特色的形态构成元素

1. 独特的敞口屋

在藏区，为了保暖，房间四面一般都由墙体围合，只有用作堆放粮食与纳阳的房间，才取消靠近屋顶晒台一侧的墙体，北墙上开一小门作通风用，称为敞口屋或敞间。一般有"一""L""U"等平面形式（图3-42），并且还可视需要，竖向扩展敞口屋的层数。在《四川藏族住宅》（叶启燊，1992）一书中，对四川藏区敞口屋的平面形式与所处环境中风向的相互关系作了如下归纳分析，带有普遍意义。

"藏族人民住在高原山地，气候寒冷多风，他们为了保暖、避风，住宅多半背风向阳……因此顶层房间的具体安排，就看住宅所在地区、山势与风向等的不同而作不一样处理，如在河谷平原的马尔康和巴塘地区，大区只须一面挡风，很多住宅，只在屋顶层北方建屋一排；在河谷地区的黑水芦花寨、道孚和雅江等地，两面有风，很多住宅在屋顶的西、北两方建屋；平坦地区的（周围有山）甘孜、东俄洛、理塘等地区，风向较杂，很多住宅在屋顶的东、北、西三面建屋，当中作晒坝……都是为了达到顶层避风、向阳、暖和的需要。"

一字形敞口屋

L形敞口屋

U字形敞口屋

图3-42　屋顶敞口屋平面形式

在康巴藏区，除官寨、僧舍等不事生产外，凡是以农为主的地区，往往在人居层以上都设置有"敞口屋"，既便于农产品的晾晒、收藏，又可起到一定的避风效果。在相邻的岷江流域羌族分布区，民居屋顶有类似的敞口屋做法（图3-43）。

图3-43　羌族地区碉房屋顶敞口屋

敞口屋的布设位置较为灵活，既可将其布设在居住层，也可置于屋顶，与晒台结合布设，在四川省甘孜州南部、木雅藏区以及嘉绒藏区等地，还有将经堂从人居层中分离出来，置于屋顶，与敞口屋结合设置的做法，既有利于使经堂空间氛围更为纯净，还能加强僧俗之别。

但卫藏与安多藏区民居屋顶却很少设有敞口屋，与这些地区地处高原宽谷地貌区，地形开阔，风向不定有关。仅在其中的极少数地区有所应用，如四川省阿坝州的阿坝县区域，一方面，是这里的坝区农业较为发达，有晾晒需求；另一方面，这一地区的部落大都来自相邻的嘉绒藏区，属于移民文化传播的结果（图3-44）。由此可见，敞口屋应该是康巴藏区碉房民居形态构成独具的一大特色。

2. 兼有实用功能与文化象征意义的坡屋顶

青藏高原上风力大、风向多变，厚重的平屋顶受风面小，有利于保证屋顶的结构安全，且构造与施工简单，一直以来始终是青藏高原上各地碉房民居常用的屋顶形式。

但平屋顶不利于及时排除雨雪，且每年都需维护补漏，在降水量较大的高山峡谷地貌区中，常见到在民居平屋顶上叠加一层悬山式坡屋顶的做法，并利用坡屋顶下部空间来贮藏粮食或晾晒谷物，相当于增加了一层敞口屋（图3-45）。除

图3-44 阿坝县民居敞口屋   图3-45 坡屋顶空间利用

双坡顶　　　　　　　　　　　　　　　　　　　　单坡顶

图3-46　康巴藏区民居坡屋顶形式

降水量较多的西藏林芝地区外，这一做法在卫藏与安多藏区中很少见到，因而，也不失为康巴藏区民居形态的另一大特色。

坡屋顶有单坡与双坡两种形式（图3-46），屋脊支撑有如下几种做法：一是在平屋顶上立柱来支撑脊檩。这一做法早在昌都卡若遗址中就已出现[①]，牧民"冬居"的坡屋顶与之类似，构造简单，应用较为普遍（图3-47）。二是采用石墙柱来支撑脊檩。即将外墙局部延伸至屋顶，来承托脊檩。在四川省阿坝州金川县撒瓦脚乡与太阳河乡，还将屋顶的石墙柱做成"松科炉"形式（图3-48）。三是采用桌凳形木构架来支撑脊檩。现状中在大渡河流域的嘉绒藏区和金沙江流域的迪庆藏区都有零星分布（图3-49），该做法可追溯到秦汉时期青海河湟地区羌族南迁[②]。

[①] 据《昌都卡若》（西藏自治区文物管理委员会、四川大学历史系，1985）考证，采用坡屋顶形式的昌都卡若房屋遗址F15，"室内的五根立柱是支撑屋顶用的，其上端带有叉丫，便于承托梁椽。房基四周的立柱恐是用柳条等类连绑固定，外抹草拌泥，构成木骨泥墙围护结构。房顶横断面呈梯形，可能是窝棚建筑的发展。"

[②] 据《两种文化的结晶——云南中甸藏族民居》（杨大禹，1998）一文考证，这一构造做法在云南省迪庆州中甸地区俗称为"犏牛"，当地两坡屋顶的"具体做法是山墙以内的脊檩用几个简易的桌凳形木架支撑，檩条之间只简单地交错搭接，其他檩条则依实际高矮用短圆木支撑。檩上再加垂直檩条成人字屋架，椽子呈横向与檐口平行铺设，上盖手工剖成的木板，并以白石加之。而山墙以外，则用相应数量的圆木叉顶各檩。"

F15平、剖面图   F15复原示意图

昌都卡若遗址房屋F15平面与复原示意图

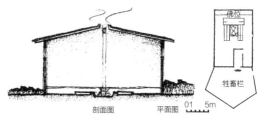

剖面图   平面图

刷经寺牧民冬居外观与平、剖面示意图

康巴藏区中采用立柱支撑的坡屋顶   西藏自治区林芝地区立柱支撑的坡屋顶

图3-47 采用立柱支撑的坡屋顶

图3-48　石墙支撑脊檩　　　　　　　图3-49　桌凳形木支架支撑脊檩

受佛教曼荼罗宇宙模式影响，在人们心目中，也有以在民居上建坡屋顶为贵的思想。这一点可通过《四川藏族住宅》(叶启燊，1992)一书中载，"(卓克基)土司规定，任何人未经许可不得建坡屋顶"得到旁证。近年来，随着藏区交通运输条件的改善以及大量汉族工匠的进入，在茶马古道沿线县城中也有部分民居在平屋顶上加建没有任何功能用途的歇山式坡屋顶，

图3-50　纯形式的坡屋顶

这种单纯将其作为宗教吉祥符号的纯造型做法，反映了民众对坡屋顶象征意义的认同（图3-50）。

3. 丰富多样的檐口形式

因各地墙体材料和结构形式不同，康巴藏区民居檐口有女儿墙、挑檐以及两者混合等三种形态做法，丰富性远胜于卫藏与安多藏区。

图3-51　石砌碉房采用女儿墙做法　　　图3-52　土筑碉房屋顶采用挑檐做法

　　石砌墙体可做承重墙，不易受雨雪侵蚀，耐久性好，檐口一般采用较为低矮的女儿墙形式（图3-51）。不仅施工方便，梁墙整合也利于提高碉房结构整体性。大渡河流域的嘉绒藏区与雅砻江流域的木雅藏区石材丰富，该做法应用最为普遍。但在用地紧张时，尤其是V字形峡谷中，也常见采用挑檐来增加屋顶晒台面积的做法。

　　土质外墙与树枝编织涂泥墙仅起围护作用，内部采用木框架承重体系，一般采用挑檐做法来保护墙顶不受风吹雨淋，并在出挑梁头涂刷泥土或施以图案彩绘来加以保护（图3-52）。虽然挑檐可争取到更多屋顶晒台空间，但屋顶的密闭性与结构整体性均逊于女儿墙做法。该做法普遍应用于康巴藏区西部多土少石的三江流域，但在受焚风效应影响雨水较少的南部地区，则多采用女儿墙及其与挑檐混合的两种檐口做法，并采取加入小石子或覆盖石板等构造措施，改善墙顶的防雨能力（图3-53）。

　　康巴藏区碉房民居多设井干式结构的"棚空"，为保护木质外墙，檐口均采用挑檐做法，构造上最简便易行（图3-54）。

土墙碉房采用女儿墙做法

石墙碉房屋顶采用挑檐做法

土墙碉房兼有挑檐与女儿墙

石墙碉房兼有挑檐与女儿墙

图3-53　康巴藏区各种平屋顶檐口形态

图3-54　木墙采用挑檐形式

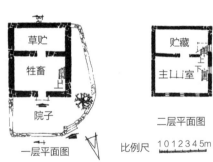
图3-55　碉房中不设厕所做法

4. 因地制宜的厕所形式

由于高原上气候寒冷，日照充足，紫外线强，人口密度小，人畜粪便的环境污染较小，因此没有建造厕所的习惯（图3-55）。如《西康图经》（任乃强，2000）中载：

　　　　"西康不用粪尿为肥料，率皆遗弃于地，听其分化泯灭。寻常人家
　　皆无厕，或排泄于室外，或入牛羊栏内排泄。牛羊栏即在碉之下层，为
　　出入者所必经；故宿番民住室，入门之顷，未有不掩鼻者。"

在定居聚落中，出于方便与卫生考
虑，也有于民居外院中一角设置室外厕
所的做法（图3-56）。但在冬季气候严
寒时，为避风寒，多于人居层楼梯口附
近的角位上开一便孔作为厕所的做法。
用帘遮挡，既不占用空间，也不影响下
面的牲圈层格局，有条件者还可设置门
扇，形成独立的室内厕所（图3-57）。

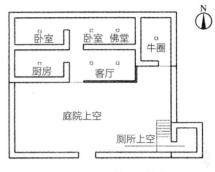

图3-56　室外厕所做法

由于粪坑与居住层分层设置，厕所位于二层以上，与粪坑保持较大距离，粪便落
地，既无溅粪之苦，还可避免冬季粪便冻结后堆积成柱，影响正常使用。

　　在藏族习俗中，历来认为人居层也是家神的居所，需要经常保持洁净，神灵
才能安心留在家中，保佑家宅平安。厕所逐渐向外偏移，最终形成凸出于居住部
分平面之外的、呈附加体状的"碉厕"①。既方便使用，又彻底解决了室内厕所的
卫生缺陷，并可通过蹲位错位布局，达到层层皆设厕所的目的。因东、南两面一
般要留设门窗，一般将碉厕布设在西、北两面。碉厕构造做法与主体相同，不仅
施工简便，还可提高碉房整体结构性能，因此，在藏区各地得到广泛应用，成为
室内厕所的主要形式（图3-58）。

　　位于雅砻江上游高原宽谷地貌区的四川省甘孜藏族自治州道孚、炉霍、甘孜
三县，由于底层牲圈面积较大，上部居住部分的面积较小，多将碉厕设于屋顶晒
台一角，与居住部分相互分离，更利于保持人居层的室内卫生（图3-59）。

----

① 基于高碉与苯教文化的对应关系，碉厕虽与高碉具有相似的形态、体量，但不具有神性，象征内
涵也与琼鸟崇拜无关，故初步推测是外来研究者的一种误称。

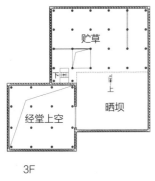

乡城县民居室内厕所

顶层平面图

楼层平面图

底层平面图

孔萨翁庆宅

楼梯井旁的厕所

图3-57　室内厕所形式

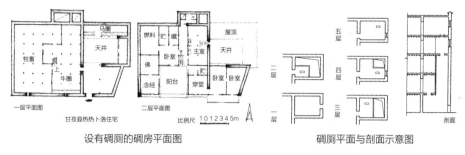

一层平面图
甘孜县热热卜洛住宅
二层平面图 比例尺 1 0 1 2 3 4 5m
设有碉厕的碉房平面图

碉厕平面与剖面示意图

图3-58 碉厕

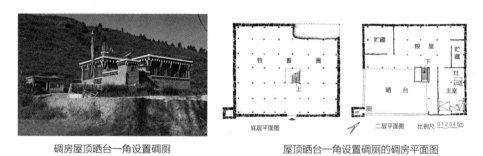

碉房屋顶晒台一角设置碉厕

底层平面图 二层平面图 比例尺 0 1 2 3 4 5m
屋顶晒台一角设置碉厕的碉房平面图

图3-59 设于屋顶晒台一角的碉厕

　　由于碉厕体量较小，且其外墙仅起围护作用，出现用仅起围护作用的木板墙、树枝编织涂泥墙甚至护栏等因地制宜的简化做法（图3-60）。尽管保暖性不如土墙与石墙，但具有构造与施工简单、工程量小等优点。

　　随着碉厕自重的减轻，进而出现了取消碉厕下部支撑体，用挑梁来承托的"挑厕"做法（图3-61）。尽管保暖性不如碉厕，且粪坑暴露于外，对周围环境有一定污染，但工程量小得多，粪池与厕所分离更利于提升人居层室内环境卫生，非常适合雅砻江流域的木雅藏区和大渡河流域的嘉绒藏区等气候相对暖和且采用石墙承重结构地区的民居采用。

　　与卫藏、安多藏区相比，康巴藏区民居厕所不仅具有形式最为多样的特色，而且出现了特有的、因地制宜的新形式——挑厕。

采用树枝编织涂泥墙的碉厕　　　　采用木墙的碉厕　　　　　采用护栏的碉厕

图3-60　采用简化做法的碉厕外墙

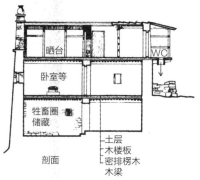

图3-61　挑厕做法

5．可争取空间的晾架

在康巴藏区，一般利用屋顶晒台、敞口屋作为农产品加工、晾晒与贮藏场地。但在地处高山峡谷地貌区农业最为发达的嘉绒藏区，为争取更多加工、贮藏空间，除屋顶晒台与敞口屋外，当地还创造了于碉房上部出挑"晾架"的做法。其形式源于青藏高原藏羌地区及其周边地区农区中极为常见的"晒架"，是对立柱与穿杆构成的"晒架"与碉房构造做法因地制宜的结合与改进，有晾晒表面积大、通风透气、晾晒质量又快又好等优点（图3-62）。

传统晒架　　　　　　　嘉绒藏区碉房出挑晾架　　　　　　羌族碉房屋顶晒架

图3-62　晾架做法

"晾架"空间依附于敞口屋，也有"一、L、U"等多种平面形式，并可将"挑厕"融入布设。在竖向上，视农业产量大小，有单层和多层做法，堪称嘉绒藏区民居独具特色的一种空间形态构成元素。

3.3
— ❖ —
形态多样、功能齐全的高碉建筑形态

《青藏高原碉楼研究》(石硕等，2012)一书按高碉分布的地理位置，将青藏高原范围内的高碉划分为两大区系类型：横断山区系类型和喜马拉雅区系类型。康巴藏区地处横断山区，这里的高碉和岷江流域的羌族高碉一起共同构成横断山区系类型。

3.3.1　高碉的形态特征

康巴藏区的高碉按建造材料分有土夯、石砌和土石混合三种类型，其构造做法与当地土、石碉房相同。按平面形状分，有三角、四角、五角、六角、八角、十二角以及十三角等多种，是青藏高原上高碉形式最为丰富的地区，而大

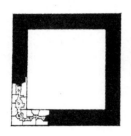

四角碉平面示意图

康巴藏区的四角土碉与石碉

图3-63　四角碉平面示意图与外观

渡河流域的嘉绒藏区又是康巴藏区中高碉分布最为密集、平面形式最为多样的地区。

　　一般高碉的边数越多，等级越高。在信仰苯教的嘉绒藏区，因十三是苯教的吉祥数字，故而十三角碉被视为是等级最高的碉，享有特殊的权力。如位于四川省甘孜州丹巴县蒲各顶乡的十三角高碉，曾是当地部落联盟举行集会与宗教仪式的地方[1]。但边数越多，施工工艺也越复杂，尤其边数为单时，放线难度较大，因而，除六角、八角碉外，其余形式的高碉较为少见。

　　四角碉在藏区分布最为广泛，各地都能见到。平面多为"口"字形（图3-63），仅有少数采用"日"字形，其余平面形式的高碉主要分布在嘉绒藏区。五角碉平面仍为方形，第五角实为后背面墙体中部加厚而成，平面上呈"△"凸起状，以保证高碉竖向扩展时具有足够刚度，外廓平面为直线，阳角与阴角分明。而羌碉多采用具有标识性的"鱼脊背"做法，从两端墙角起弧来形成第五角，故外廓平面上，两阳角之间呈一微弧，没有阴角（图3-64）。六角、八

---

[1] 据《嘉绒藏族史志》（雀丹，1995）的作者李茂先生介绍。

嘉绒藏区的五角石碉   羌族地区的五角碉

图3-64   藏、羌地区五角碉比较

图3-65   嘉绒藏区的六角、八角与十三角碉平面示意图与外观

角、十二角与十三角高碉的平面内部均呈圆形，使高碉在不同方向荷载的作用下，均能发挥出最强的承受能力，是石砌高碉结构构造技术合理化演进的产物（图3-65）；而羌碉无论边数多少，内外均为多边形。整体上横断山区系类型高碉绝大多数采用单室平面，区别于喜马拉雅区系类型高碉多采用有隔墙分隔的多室平面。

　　高碉的剖面形态有实心与空心两种。实心碉仅在《马尔康县志》（马尔康县地方志编撰委员会，1995）中有简略记载，称当地俄尔雅山山顶上建有一座用于镇魔的实心碉，为公元2世纪时苯教徒所建。虽无实物可考，但从高碉兼具宗教

顶部完整的藏族高碉　　顶部呈L形的羌族高碉　　　碉顶女儿墙做法　　　碉顶挑檐做法

图3-66　藏、羌高碉顶部形态比较　　　　图3-67　嘉绒藏区高碉顶部形态

用途[①]推断，这类高碉形态极有存在可能。今天在藏区各地所见的高碉均为空心碉，碉内用独木梯上下，碉身竖向收分，墙体内直外斜。

碉顶形态完整，设有上人孔，檐口采用女儿墙做法。而羌碉顶部多采用形如靠背椅的"L"形，四周设出挑楼阁，以方便巫师"释比"举行祭祀仪式（图3-66），屋顶安放白石。嘉绒藏区碉顶女儿墙四角凸起呈"△"形，上置白石，以示对四方神灵的膜拜，墙脚安插经幡（图3-67）。战时方便瞭望和防卫，平日可煨桑祈福。

3.3.2　高碉的防卫特征

高碉体量高大，结构坚固，视野远阔，既可作聚落间传递信号之用，战时又是聚落的主要警戒与防卫工事。高碉防卫效能的充分展现主要体现在清乾隆年间对嘉绒藏区大、小金川流域土司的两次战役中。据《千碉之国——丹巴》（杨嘉

---

① 《隐藏的神性：藏彝走廊中的碉楼——从民族志材料看碉楼起源的原初意义与功能》（石硕，2008）一文指出，高碉最初产生可能是作为处理人与神关系的一种祭祀性建筑，之后才逐步转变为处理人际冲突的防御性建筑。

铭、杨艺，2004）一书考证，（当时）"一碉不过数十人"，却能起到"万夫皆阻"的防御效果。使得"两金川之地，较之准夷回部，曾不及十之一"，却抵抗了清廷近七年时间，使其付出了耗银9000余万两，用兵近30万，伤亡数万人的惨重代价。民国史学家伍非百先生在《清代对大小金川及西康、青海用兵纪要》一文中感叹："碉卡防夷，其起源不始于攻金川一役，自唐以来有之。自金川削平，中国始知高碉设险之利。"

高碉形态的防卫性能主要体现在两个方面（图3-68）：

一是出入口位置较高，洞口窄小。如《四川藏区的建筑文化》（杨嘉铭、杨环，2007）调查，入口宽度约0.7~0.8m，高度约1.5~1.8m，洞口一般离地约3~4m，相当于一层高度，用独木梯上下，战时登梯入碉后收起独木梯，紧闭碉门，外人再要进入就非常困难了。这一做法，既保证了高碉底部结构的整体性，又保护了碉体上这一薄弱环节。

二是在碉身开设洞口，断面外狭内宽形如喇叭，既利于采光透气，又利于瞭望与射击。为兼顾碉体结构安全与去除防卫死角，一方面洞口错层开设，另一方面洞口布设数量和位置要能完全覆盖周围环境。如《道孚县志》（道孚县地方志编纂委员会，1997）中有载，当地一座八角碉经实测后发现，从平面上看，其洞

碉身投石孔与射击孔　　　　　　位于高处的高碉入口内景与外观

图3-68　高碉的防卫特征

口布设能完全覆盖碉体周围，无视线与射击死角。部分高碉在中、上部开有数量不等、大小与底层入口相近的洞口，估计是碉内防卫人员的投石孔，应皆属战碉一类。

相比之下，石碉较土碉更为坚固，防卫能力更强。据史载，明代云南丽江府木氏土司进攻康巴藏区南部时，采用木槌作攻碉武器，轻易就捣毁了当地的土碉，顺利占领康南一带。

3.3.3　高碉的宗教特征

藏学家石硕先生研究发现，高碉分布密集的地区必是苯教盛行或苯教文化底蕴深厚的地区。在康巴藏区中，大渡河流域的嘉绒藏区与雅砻江流域的木雅藏区盛行苯教，与苯教文化密切相关的主要是寨碉、风水碉、经堂碉和官寨碉。

建碉的目的就是沟通人神关系，求得神的庇护。如前述四川省甘孜州丹巴县蒲各顶乡的十三角碉选址于聚落高处，是部落联盟共商大事和举行各种仪式的地方，防卫价值极弱，而象征性文化内涵极明显，应属最高级别的寨碉，据说当地仅建有三座十三角碉。

在苯教文化中，高碉还有镇邪作用。《马尔康县志》（马尔康县地方志编撰委员会，1995）中有关于风水碉的记载：在四川省阿坝州马尔康县境内，发现建于公元2世纪前的苯教镇魔碉，"碉楼无窗、无门、无枪眼，均四角、高9层，宽5~6m，顶无盖，是人们崇拜和神圣的地方"。

经堂碉在苯教盛行地区最为常见。在嘉绒藏区与木雅藏区民居中，至今仍留存大量经堂碉，通常顶层用作经堂，供僧人念经、打坐、闭关或举行法事之用，下部各层仅作贮藏，俗人不能居住。甘孜州丹巴县革什扎、巴底等部分地区民居家中不设经堂，碉顶为供奉家神的神堂，是家神出没的地方，可作粮食贮藏室，但忌讳外人进入，以免家神降罪，带来财产、安全方面的灾祸，下面各层只能用作堆放粮食与杂物的贮藏室，不可用作俗人卧室，战时为防守空间。由于高碉是家神的居所，故有"建房先建碉，拆房不拆碉"的建造习俗。而在聂呷乡，将碉

嘉绒地区的经堂碉　　　　　　　　　　扎巴地区的经堂碉

革什扎乡的民居经堂碉　　　　　　　巴底乡的民居经堂碉

聂呷乡的民居经堂碉　　　　　　　　拆房不拆碉

图3-69　蕴含苯教文化内涵的民居经堂碉

房顶部空间称为"拉吾则"，暗示这一位置曾是建造高碉的地方，并以之象征僧人的头部，将下面各层碉房屋顶晒台分别象征僧人打坐时交合的双手与盘曲的双腿[①]（图3-69）。

---

① 参：杨嘉铭，杨环 . 四川藏区的建筑文化[M] . 成都：四川民族出版社，2007：58.

　　在苯教盛行地区的官寨碉除具有防卫功能外，也具有经堂碉的作用，如巴底土司官寨碉，体量巨大，居于官寨后部中央，调研时据健在的土司秘书介绍，其功能和使用习俗与民居经堂碉完全相同（图3-70）。

　　高碉不仅普遍与民居结合使用，而且苯教寺院及其活佛纳章（住宅）中也有应用。《苯波教简史——兼绰斯甲昌都寺概况》（李西·辛甲旦真活佛，2004）中有记，早期苯教本尊的居住地和寺院护法神神殿均为高碉，称为"琼隆银城"，意指创建于象雄地区琼隆山上的白色高碉式庙宇，是最神圣、洁净的地方。位于四川省阿坝州金川县的苯教昌都寺，原于大殿右侧建有高碉一座，用作活佛闭关地，并对右边山体崩塌处有镇邪作用，后毁于"文革"，现于原址重建有一座佛塔。现状中，该地区多座苯教活佛的纳章均设有作经堂和闭关之用的四角经堂碉（图3-71）。

图3-70　巴底土司官寨复原图

图3-71　金川县某苯教活佛纳章高碉

4

康巴藏区碉房体系的
独特建造技术

受高原自然环境的限制，藏区碉房体系的建造技术历来就相对独立，自成一体。能就地取材、因地制宜地创造出各种技术形态，来适应高原各地气候与地质条件的变化，以及满足不同的功能与文化需要；经过长期发展，形成了一套既简单易行、又与地域习俗紧密结合的建造技术机制，可以较低的代价，完成高效率、高质量的建造活动，是一个成熟与完善的技术体系，创造出了布达拉宫这样辉煌的大型建筑。

尽管以汉族文化为代表的其他民族文化都在此有所发展，但高原极端的自然环境与藏文化的特异性，限制了这些民族文化影响力的发挥与建造技术的传播，而体现出藏文化的主体地位与碉房体系的强大生命力。康巴藏区是藏区碉房的源头。迄今最早的两处新石器时代考古遗址均发现于此，及至今天，仍以技术形态最为丰富而著称于整个藏区。因而，这里应是探究藏区碉房建造技术体系的最佳区域。

本章以对构成碉房建造技术体系的三个基本方面，即结构体系、构造技术与建造施工的总结为基础，通过区域间的比较，来明晰康巴藏区碉房建造技术体系的地域特色及其所具有的藏区共性，从而深化藏区碉房建造技术体系的研究。

4.1
— ❖ —
源于本土且兼纳外族的结构体系

康巴藏区碉房的结构类型按主体承重结构形式不同可分为原型和衍型，其间存在明显的技术演进逻辑，各类型的地域性分布格局也因特定的自然、人文、技术等因素而存在必然性。

4.1.1　由原型到复合逐步演进的结构类型

考古遗址证实，井干式、木框架承重式与墙承重式结构是康巴藏区应用最早的三种结构类型，且具有结构的单纯性，代表三种典型的结构类型。随着人群的迁徙，文化的传播，出于空间扩展与结构安全考虑，这些结构类型相互借鉴、融合，而出现了墙柱混合承重式与井干式同其他结构类型的混合结构形式等两种复合式结构类型。可以说，复合式结构类型的出现，标志着康巴藏区碉房建筑结构体系的更新，也表现出康巴藏区各地在固守自己建筑文化特色的同时，并不拒绝利用外来文化来完善自身（图4-1）。

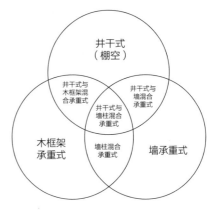

图4-1 康巴藏区碉房体系结构类型构成示意图

1．原型及其演进规律

1）木框架承重式结构

由于早期工具落后，难以开采与加工石材，木材却相对丰富，又节约人力物力，不占空间，因而木框架承重式结构是青藏高原上应用最早的建筑结构形式之一。对迄今发现最早的新石器时代建筑遗址——西藏昌都地区昌都县卡若乡卡若村遗址考古证实，木框架承重式结构是高原上最主要的结构类型之一。时至今日，也是康巴藏区应用最为广泛的碉房结构类型之一。

在漫长的发展过程中，在扩展空间规模的原始动力作用下，木框架承重式结构循着合理与可行的技术路线演进，并受到地域人文、自然的约束与外来文化的影响，形成了不同的阶段性类型与地域性特色。

（1）木框架承重式的类型

通过实地调查分析，木框架承重式按上下层边柱的构造关系不同，可进一步分为擎檐柱式、叠柱式与整合柱式等三种结构类型。

当碉房上下层柱分设，上层采用通柱时，可将之称为"擎檐柱式"[①]（图4-2）。

当碉房各层柱上下重叠，荷载由上而下逐层连贯传递至地基时，可将之称为"叠柱式"（图4-3）。

---

① 在《昌都卡若》（西藏自治区文物管理委员会、四川大学历史系，1985）中，"擎檐柱"仅指采用此做法的碉房上层檐柱，本文借此称谓，作为对凡是采用这一柱做法的通称。

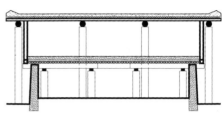

图4-2　擎檐柱式碉房外观与剖面示意图

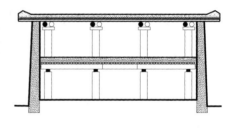

图4-3　叠柱式碉房内景与剖面示意图

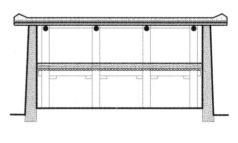

图4-4　整合柱式碉房内景与剖面示意图

　　当用一根柱取代碉房上下层分设的柱，将柱梁构成整体框架时，可将之称为"整合柱式"（图4-4）。

　　（2）各类木框架承重式结构的演进关系

　　以扩大空间规模为发展动力，以技术合理性调节为逻辑主线，并结合自然与人文历史背景等因素，来分析木框架承重式结构上述类型的演变关系，大致可分为以下阶段。

①基本单元的横向扩展

四柱限定的单层方形或矩形空间应是木框架承重式结构的最简式样，因此将其作为该类结构的"基本单元"（图4-5），在四川省甘孜州部分地区被称为一"空"，并以此为基本单位计算房屋的大小①。具有空间划分灵活，横向扩展在理论上不受限制的特点（图4-6）。

当单向扩展时，表现为柱梁框架单元在一个方向上的简单复制，构造不变，施工简单，加扩建灵活。

当双向扩展时，产生边柱与内柱之分。由于内柱承担的荷载较边柱大2~4倍（图4-7），其强度直接关系到整个房屋的安全，所以往往加大用料。在四川省甘

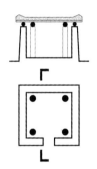

图4-5　木框架承重式
结构基本单元示意图

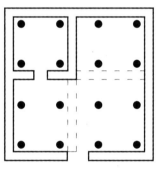

图4-6　基本单元横向扩展示
意图

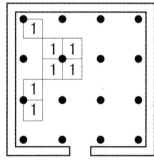

图4-7　边柱、角柱与内柱荷
载比较图

---

① 甘孜州是木框架承重式结构在康巴地区的主要分布地区之一，以"空"为碉房大小的计算单位，规定四柱限定的空间为一"空"；而以墙柱混合承重式为主的卫藏地区，则多以"柱数"为房屋大小的计算单位。尽管甘孜州的部分县志中，也有以"柱数"作为计算单位的做法，但两者的"柱数"内涵不同，如四柱大小的墙柱混合承重式结构碉房相当于十六柱大小的木框架承重式结构碉房，六柱大小的墙柱混合承重式结构碉房相当于二十柱大小的木框架承重式结构碉房。因此，为避免引起误解，以"空"作为计量标准，更能准确地表达木框架承重式结构碉房面积计算的特色。安多地区过去以居帐篷为主，现状中的木框架式结构土碉房多因冬居需要而建，故不具代表性。

图4-8　碉房底层胖柱　　　　　　　　　　　图4-9　内柱崇拜

孜州雅江一带部分林木充沛地区[①]，在现代施工运输条件下，出现了底层采用柱径达1m以上的胖柱做法（图4-8）。另外，人们还将保佑家宅平安的神灵、祖先贴附于其上，加以供奉与崇拜（图4-9）。同时，宗教界也从正面肯定了大殿内柱的结构作用，并将对弘扬佛法有重大贡献的弟子直接比喻为"四柱六梁"或"四柱八梁"（图4-10）。

　　而对于双向扩展带来的室内采光、通风问题，一般可通过天井、内院等形态手段来加以调节。

　　②擎檐柱式结构的产生

　　基于防潮、安全、生产加工以及宗教活动等的需要，"基本单元"由横向扩展进一步向竖向扩展发展。由于新石器时代加工工具简陋，不可能将柱端加工平整，所以，《卡若遗址》（1985）报告中推测其建造程序与方法应为：

---

① 雅江地处墙承重式与木框架式之间，地貌条件基本为高山峡谷地区，现状中以"墙柱混合承重式结构"为主，但从墙柱混合承重式的结构性能强于木框架承重式，而弱于墙承重式的角度判断，这里早期采用的应是"木框架承重式结构"。另外，从所处地理位置与对外联系看，这里也更接近于"木框架式结构"分布地区。而且当地人的介绍也证实了这一判断。

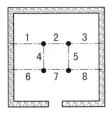 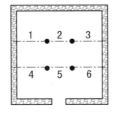

图4-10　四柱六梁与四柱八梁布局示意图

图4-11　卡若遗址中的擎檐柱式结构复原
　　　　示意图

　　"平整地面或下掘地基后，根据房屋的不同形式选择柱洞或柱础的位置，挖出柱洞，垫好柱础，再架设框架。根据民族志的材料，立柱可能是选择一端分叉的圆木以支架横梁，然后用藤索捆绑。"

　　并"据此推测这类房屋可能采取了'擎檐柱'，这是一种用来承托屋檐悬挑部分的檐下柱子，至今仍是藏族建筑的特点之一。"（图4-11）

　　这种通过上下层柱分设的办法来解决上层结构支撑的构造思路，具有施工简便、加扩建灵活、对下层结构干扰少等优点，应是解决多层碉房屋顶结构支撑问题的最早形式。

　　其外墙多为轻质、简易的树枝编织涂草拌泥墙做法[①]（图4-12），但由于边柱外露易损，所以，又有能起保护作用的土石外围护墙做法（图4-13），以及提高边柱抗侧向力的木骨泥墙做法（图4-14）。但建筑层数均要受到材料长度的制约，故现状中所见这类碉房均为两层。

　　"擎檐柱式结构"的结构整体性差，易为地震、泥石流等自然灾害破坏，从而促使其逐渐与轻质高强的"井干式结构"相结合，来解决安全性问题（图4-15）。

---

① 石墙做法在卡若遗址中也有应用，与编织涂泥墙分别用作多层碉房的上、下层墙作方式，但编织涂泥墙做法的应用见于更早的窝棚上。但遗址中未见土墙做法，可能与其工艺更复杂相关，且极有可能与秦朝时河湟羌人南迁、西迁有关，但一旦传入，就迅速得到推广应用。

图4-12 树枝编织涂草拌泥墙

图4-13 土石外围护墙

图4-14 木骨泥墙

图4-15 擎檐柱式与井干式结合

③叠柱式结构的产生

从"叠柱式结构"上下层柱的构造关系看，将柱端加工平整是关键，这与加工工具的进步分不开。而从加工工具与制作工艺的复杂程度判断，"擎檐柱式"与"井干式"仅需斧这样的简易工具即可制成，而这种工艺到近代仍在大量沿用。一方面与藏区自然环境较为封闭，与外界缺乏交流有关，另一方面，也在某种程度上说明，像刨、锯、凿等可进行复杂加工的工具，更可能是伴随着通婚、战争与移民，从外部传入藏区的。

叠柱式做法一方面解决了"擎檐柱式"木材消耗量大、取材困难等问题，另一方面，由于上下层柱是叠压关系，使得底层柱的受力大幅增加，给取材、运输与加工带来困难。所以，在竖向扩展上，叠柱式做法的作用仍停留于理论层面，而缺乏实质性改进。现状中除宗教建筑外，民居一般仍为2~3层（图4-16）。

图4-16　两层叠柱式结构　　　　　　　　　图4-17　叠柱式标准做法

另外，上下层柱的构造关系有标准与简化两种做法，其中，标准做法是于柱顶置栱木，栱木上置梁，梁上再压垫木，垫木上立柱（图4-17）；而简化做法则是于栱木上直接置梁与立柱（图4-18）。由于柱、梁、栱木间均为简单的叠压关系或采用无结构作用的细小暗榫来加以固定，节点连接处的抗侧向力弱，与汉族传统木构建筑节点的榫卯连接相比，结构整体性大大降低。

④整合柱式结构的突破

由于康巴藏区大部地处横断山脉地区，地质断裂带广布，地质灾害频发，而上述两种结构形式均未能解决如何提高木框架承重式结构整体性的问题。只是在接触到内地汉族传统木构建筑的穿斗式构造做法后，才产生了将叠柱式与擎檐柱式改换成"整合柱式"做法的突破（图4-19），从而，真正解决了木框架承重式的结构整体性问题。

为进一步提高框架的整体性，部分地区还在汉地穿斗式构架技术的影响下，产生了将单根柱组成排架的"排架柱式"做法（图4-20），或在藏族传统多柱支撑做法①的影响下，发展出将边柱从单柱增加为双柱的"双柱式"做法（图4-21），并且多与井干式结构结合应用。

---

① 《昌都卡若》（西藏自治区文物管理委员会、四川大学历史系，1985）中记述"……有些房角部位，为了加大承重，在一个较大的洞穴内埋两根甚至三四根木柱，如F20的5~8号柱洞即是此类情况"。双柱式做法应源于同样的原因。

图4-18　叠柱式简化做法

图4-19　整合柱式做法

图4-20　排架柱式做法

图4-21　双柱式做法

受材料力学性能的限制，上述各类木框架承重式结构扩大空间规模的方式均以横向扩展为主。

2）墙承重式结构

"墙承重式结构"是康巴藏区诞生最早的另一种最具代表性的碉房结构类型，据《丹巴县志》（丹巴县志编撰委员会，1996）载，丹巴县中路乡罕额依遗址是迄今发现最早的遗址（图4-22），经考古证实，大致形成于距今3500～3700年左右的新石器时代晚期，其碉房平面"……形状为长方形，墙体用石块砌成，内壁抹黄色泥土"，与西藏昌都地区昌都县卡若遗址相比，属于同一时期。这一结构类型虽广布在青藏高原各地，但以遗址所在地——康巴藏区东部的嘉绒藏区最为集中，与这里的自然环境中蕴藏有丰富的页岩有关，使墙承重式结构早在新石器时代晚期，就已是这里主要的结构形式，并随着结构构造技术的不断完善，而成为藏区碉房体系中结构整体性最强的类型。时至今日，无论在数量、规模

图4-22　丹巴中路罕额依遗址

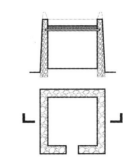

图4-23　墙承重式结构"基本单元"

还是类型上，仍居于整个藏区之首，故本节主要以这一区域的"墙承重式结构"为例。

（1）墙承重式结构的类型

按结构构造常识，将墙体结构平面为"口"字形布局的单层碉房作为"墙承重式结构"的"基本单元"（图4-23），其空间大小通常要受到梁长的限制，一般为3~5m，大的可达7~8m。在空间扩展需要的推动下，墙承重式结构的"基本单元"进一步发展出以下类型：

当"基本单元"作水平向扩展时，可形成内隔墙、扶壁柱、田字形、九宫格、回字形等多种墙体布局形式；当"基本单元"作竖向扩展时，形成"层叠式结构"（图4-24）；当其竖向扩展的高宽比≥3时，形成"筒体式结构"，通常用于"高碉"，平面多为方形或正多边形，现状中最多的可达正十三边形（图4-25）。当"筒体式结构"与"层叠式结构"组合在一起时，称为"墙筒组合式结构"（图4-26），按两者结构关系不同，可进一步分为："连接体式结构""墙筒并置式结构""墙筒整合式结构""仿筒式结构"等类型。

（2）各类墙承重式结构的演进关系

①基本单元的横向扩展

随着家的规模扩大与功能复杂化，需要扩展墙承重式结构"基本单元"的空间大小时，最简单的办法是将"基本单元"沿横向单向扩展形成矩形平面，当墙体过长时，需用隔墙加固以免变形；为不影响空间扩展，缩短隔墙，并

图4-24　采用层叠式结构的碉房

图4-25　采用筒体式结构的
高碉

图4-26　采用墙筒组合式
结构的碉房

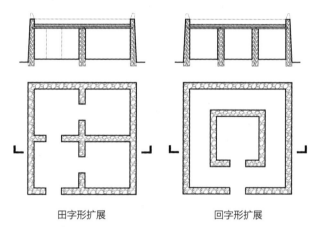

田字形扩展　　　　　　回字形扩展

图4-27　墙承重式结构"基本单元"的横向双向扩展模式

逐渐形成三角形扶壁柱做法，从而使"基本单元"的横向单向扩展不受限制（图4-27）。

　　当"基本单元"沿横向双向扩展时，有两种方式（图4-28）：一是增加"基本单元"的数量，但新建与原有部分相互分离，为了提高空间与结构的整体性，必须进行墙体整合，从而形成"田字形""九宫格"等墙体布局模式，其扩展虽在理论上不受限制，但现实中要受到用地条件以及室内采光通风等因素的制约。另一是将"基本单元"的墙体向外呈圈层式层层扩展，形成"回字形"墙体布局

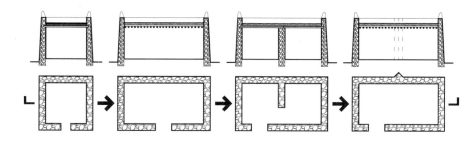

图4-28　墙承重式结构"基本单元"的横向单向扩展模式

形式，由于该形式的空间形态特殊，且内部空间面临采光通风困难等现实问题，因而现状中仅见少数寺庙建筑采用。

②基本单元的竖向扩展

由于山地条件下，"基本单元"的竖向扩展与横向扩展在施工上同样易于实现，且在技术上具有墙体构造简单的优点，在形态上受到这里自然环境中岩石提供的诸多启示，遂在防潮与安全防卫需要的推动下，出现可将"基本单元"重叠而上的做法。由于嘉绒藏区地处藏彝民族走廊核心区，历史上部落迁徙与争斗频繁，从吐蕃时期开始，这里就一直处于藏汉交界的前沿地区，竖向扩展的防卫优势促进其进一步向高宽比较大的"筒体式结构"，即向"高碉"发展。

在技术上，一方面，形成了可于室内一侧操作的反手砌筑工艺①，从而解决了碉房竖向扩展时的施工方法问题，使单家独户也有能力自行建造（图4-29）；另一方面，在长期的演进过程中，逐渐形成了如下提高结构整体性与稳定性的加固策

---

① 据《丹巴古碉建筑文化综览》（杨嘉铭，2004）一文载，反手砌筑，收分准确是嘉绒藏族工匠千百年来所练就的绝技。一般男子，从少年时期就开始学习砌石技艺，故大部分农村成年男性都或多或少擅于此技。技艺高超者，则专门以此为业。

略与构造措施：一是降低结构重心，有
加大基础、竖向收分的墙作技术①以及
下大上小的整体形态等措施；二是提高
结构整体性，有加木墙筋、设扶壁柱、
墙角加固、砌块错缝搭接与设置檐口线
等措施；三是发展多边形平面以提高碉
体的抗扭转性能；四是重视选址，以防
应力集中造成地基沉降，故多建于坚固
的岩石上，并通过分层、分时段的建造
顺序，来解决地基沉降稳定的问题（图
4–30）②。

图4-29　藏族工匠反手砌石工艺

　　因此，在《后汉书·冉駹夷传》
（【南朝宋】范晔，1996）中，就已有
"高者至十余丈，为邛笼"的记载，而在清代李心衡所著《金川琐记》卷2中，

---

① 在康巴藏区，采用土、石以及土石混合的墙体在竖向上均有收分做法，可降低碉房的结构重心，
提高稳定性。《中国藏族建筑》（陈耀东，2007）一书中对其中部分墙体收分作了如下定性总结，
带有一定的普遍性："墙体的外表面有收分，收分的原则是平地少些，山坡上建筑收分一定要
大"，原因是认为"有收分的墙体才坚固"。"夯土墙有收分，但可以小；土坯墙收分更小，低层
建筑甚至可以不收分"。"外墙有收分，内墙面不收分。内隔墙不收分，但楼层可收，只能在楼
层交界处收，室内墙面是平直的，做法是每层从中线两面都往内收一些。外墙的内墙面不收分，
但高楼的厚墙体可以在楼层交接处往中线收进一点"。《四川藏族住宅》（叶启燊，1992）一书中，
则对四川藏区碉房的墙体收分作了如下定量总结可资参照："在筑砌墙身时，计算收分则每层楼
的墙高（1.5度）规定（或习惯）收分一'跪'（其中，'跪'是拇指伸直，中指弯曲两节时的距离，
长约12cm）。按照这一比例计算，便可得出墙的收分率约为5%。"

② 《丹巴古碉建筑文化综览》（杨嘉铭，2004）一文认为，各种碉的建筑技术基本相同，均先掘取表
土至坚硬的深土层，基础平整后便开始放线砌筑基础，一般采用"筏式"基础，地基的宽窄和基
础的厚度，视其所建古碉的大小和高度而定。其建筑墙体用的材料全部取自当地的天然石块和黏
土，木料亦伐自当地附近的山林。修建高碉时，砌筑工匠仅依内架砌反手墙，全凭经验逐级收
分。在砌筑过程中，一般砌至1.40~1.60m左右，即要进行一次找平，然后用木板平铺作墙筋，
以增加墙体横向的拉结力，避免墙体出现裂痕。在墙体的交角处，特别注意交角处石块的安放，
这些石块既厚重，又硕长，俗称"过江石"，以充分保证墙体石块之间的咬合与叠压程度。在砌
筑过程中，同时还要注意墙体外平面的平整度和内外石块的错位，禁忌上下左右石块之间对缝。
细微空隙处，则用黏土和小石块填充，做到满泥满衔。砌筑工具十分简单，一是一把一头为圆、
另一头似锲的铁锤，二是牛的扇子骨或木板制作的一对撮泥板。

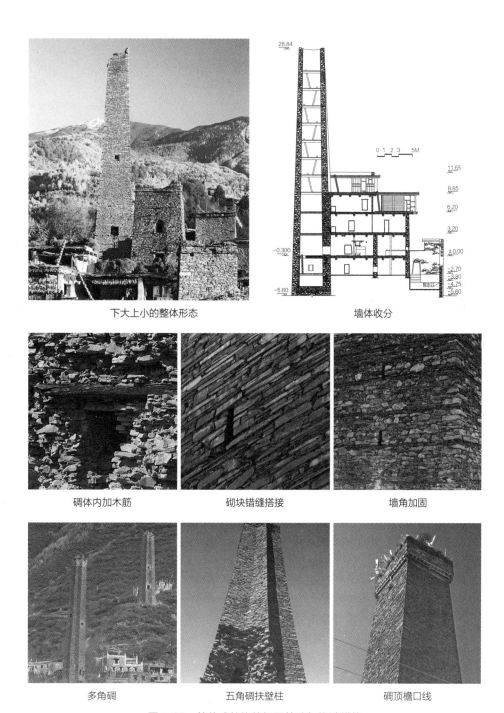

下大上小的整体形态 墙体收分

碉体内加木筋 砌块错缝搭接 墙角加固

多角碉 五角碉扶壁柱 碉顶檐口线

图4-30 筒体式结构的加固策略与构造措施

图4-31　金川县马尔邦乡关碉　　　　　图4-32　勒乌围铜版图

更达到了"有高至四十丈者，中有数十层"的程度。据《丹巴县志》（丹巴县志编撰委员会，1996）记载，当地现存最古老的高碉为唐代（即吐蕃时期）建造。据《阿坝州州志》（阿坝州志编撰委员会，1994）与《甘孜州州志》（甘孜州志编撰委员会，1997）统计，现存最高的碉当数阿坝州金川县马尔邦乡清代高碉，高度达43m（图4-31）。这些高碉都经受住了历次自然灾害与战争的考验，可见其建造技术水平之高超。另外，高碉的建设规模在南宋王象之编撰的《舆地纪胜》中有载："夷居，其村皆叠石为石巢，如浮图数重。"从清乾隆时期所绘金川县勒乌围铜版图，可见到类似的高碉建造盛况（图4-32），但多毁于两次金川战役及后来的人为拆毁①。

　　③层叠式结构的产生

　　由于嘉绒藏区自然地貌基本为高山峡谷，以农业为主，耕地少，因而要在有限的面积上建造既节约用地又使用方便的房屋，使得横向扩展的"基本单元"也

---

① 《西南历史文化地理》（蓝勇，1997）一书中收录的道光《龙安府志》卷5《武功》中载，明代四川巡抚张时彻《平百草番记》称"毁碉楼四千八百有奇"。
《神秘的古碉》（雪牛，2005）一书中收录的明代《平羌碑》中有载：明王朝在镇压茂县杨柳羌起义中，明军摧毁羌碉1600余座。明嘉庆二十六年（1547年），明王朝在镇压北川县白草羌反抗中，平毁羌碉4800余座。
在《金川县志》（金川县地方志编撰委员会，1994）中有载："清乾隆年间两次金川战役，各种碉楼为抵御清兵起了重大作用，战后多被拆除。"

逐渐向竖向扩展的"层叠式结构"发展。

对采用层叠式结构的碉房的记载最早见于宋《太平寰宇记》中，曾提到有一种："高二三丈者谓之鸡笼"的类型，其中之"鸡笼"，即是这里所指的层叠式结构。另外，在南宋王象之编撰的《舆地纪胜》中对其有更为详细的描述："夷居……下级开门，内以梯上下，货藏于上，人居其中，畜圈以下，高二三丈者谓之鸡笼，《后汉书》谓之邛笼；十余丈者，谓之碉。"按"每级丈余"计，层数当在二三层左右。在《四川藏族住宅》（叶启燊，1992）一书中，仍记录有采用相同功能布局模式的这类碉房实例（图4-33）。

与"筒体式结构"的加固措施相比，"层叠式结构"的特殊之处在于，墙体的竖向布局模式可按"田—品—日—山—U—L"形的顺序逐层退收，使结构重心向后，靠近基本不开窗的背墙（个别仅在顶层开一小风门，作晾晒农作物时通风用）。因山地存在一定坡度，从而使结构稳定性相对提高（图4-34）。由于背墙在保证房屋结构安全中具有如此重要的作用，在使用中人们逐渐将人居环境中的各路神灵与其联系起来，如龙神、山神等，通过在背墙顶端设置白石与神龛，或在墙中镶嵌白石与刻有吉祥图案、文字的石块，或在墙上涂刷色彩、符号等做法，来祈祷家宅平安，能获得神灵的护佑，并逐渐固化成一种地域建造习俗（图4-35），从而较好地整合了墙体布局逻辑与生产、生活功能的满足、以及地域文化习俗的关系。另外，在嘉绒藏区的马尔康、理县一带还有弧形墙身砌筑做法，

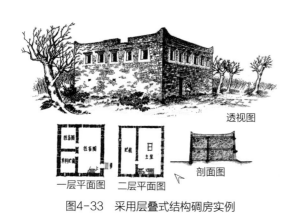

透视图

一层平面图　二层平面图　剖面图

图4-33　采用层叠式结构碉房实例

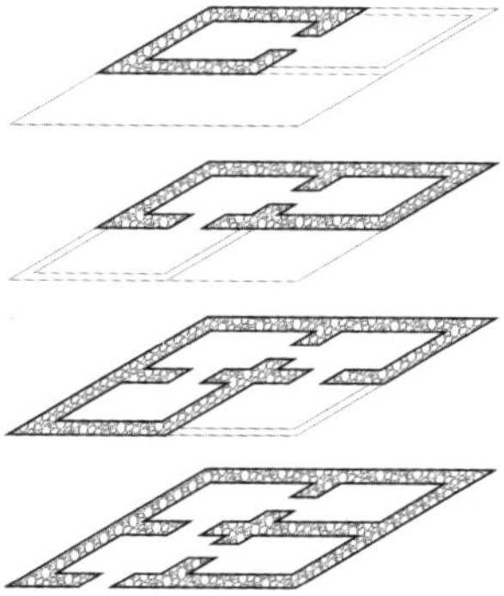

图4-34　层叠式结构墙体竖向布局模式

图4-35　采用层叠式结构碉房背墙装饰习俗　　　　图4-36　弧形墙身砌筑法

可有效降低墙身的结构重心（图4-36）。

④墙筒组合式结构的形成与演进

"筒体式结构"的平面较小，只能作竖向功能布局，不如水平向空间联系方便。如果横向扩展平面，势必会产生内墙，则转化成"层叠式结构"扩展模式。另一种扩展模式是直接与"层叠式结构"进行组合，形成"墙筒组合式结构"，两者在结构上既可相互独立也可相互整合。

当两者结构相互独立时，有用一连接体将两者连接起来与仅于两者间设置施工缝两种做法，前者可称之为"连接体式结构"（图4-37），后者可称为"墙筒并置式结构"（图4-38）。由于施工较为方便，故常为土司官寨与高碉等大型建筑结合时采用。

当两者结构相互整合时，常以高碉为主体，房依托于碉体上，称为"墙筒

图4-37　采用连接体式结构的碉房　　　　图4-38　采用墙筒并置式结构的碉房

图4-39 采用墙筒整合式结构的碉房平面示
意图

图4-40 采用仿筒式结构的碉房

整合式"（图4-39），虽可节省部分工程量，但"房"的结构整体性能有所降低；
当两者间高差不大时，往往采用墙承重式结构来模仿高碉的形态特征，既沿袭了
高碉的功能用途与形态特征，又可改善结构的整体性，因而将这种形式化的做法
称为"仿筒式结构"（图4-40）。

由于结构整体性强，且横向扩展会受到用地大小与内部空间采光等因素的制
约，所以同"木框架承重式结构"相比，上述各种类型的"墙承重式结构"均体
现出以竖向扩展为主的形态特征。

3）井干式结构

采用井干式的房屋在汉族地区多见于木材充沛的林区，四川方言叫"木楞子
房"。与汉族不同，康巴藏区的井干式房屋是一种箱形藏式平顶房（图4-41）。
而现在所知应用最早的井干式实例为西藏自治区昌都地区昌都县的卡若遗址F9
（图4-42），与"擎檐柱式结构"同属于新石器时代晚期。

藏区井干式房屋的墙身构造做法与汉族地区井干式房屋基本相同，为圆木端
部采用十字形咬接构造，竖向交错重叠形成箱形空间。但屋顶做法不同于汉式坡
屋顶，而采用先于墙上置排梁，排梁上铺密椽，椽上再覆土的藏式平顶做法；墙
身与地面间用石块分隔以防潮，如果是住人的房间，平地时可直接铺板或打三合
土做地面，坡地时可在墙上置梁，梁上再铺板做地面，结构整体性更强。房屋层
数一般为单层，但近年来也有扩展为双层的做法（图4-43）。

图4-41　昌都卡若遗址F9井干式结构复原想象图

图4-42　采用井干式的房屋　　　　图4-43　双层井干式房屋

2．复合型及其演进

1）墙柱混合承重式结构

顾名思义，墙柱混合承重式结构是木框架与墙体两种承重结构的复合形式，兼顾了结构安全性、取材便利性以及空间灵活性，是康巴藏区应用较为普遍的一种结构类型。但因结构类型主次搭配的不同，各地存在一定的差异，本节就旨在对其内部构成的时空差异作更为深入的归纳、总结。

（1）墙柱混合承重式结构的类型

按木框架结构与墙体的组合方式不同，可分为"边混式""全混式"与"顶混式"等三种结构类型。当采用边柱与边墙共同承重时，称为"边混式"[①]（图4-44）；当

[①] 对木框架承重式结构来说，是部分边柱为外墙所替代，对墙承重式结构来说，是部分外墙为边柱所取代，但都具有边墙与边柱共同承重的结构布局特征。

碉房各层均采用墙柱混合承重结构时，称为"全混式"（图4-45）；当碉房上层采用墙柱混合承重式结构，下层采用墙承重式结构或木框架承重式结构时，称为"顶混式"（图4-46）。

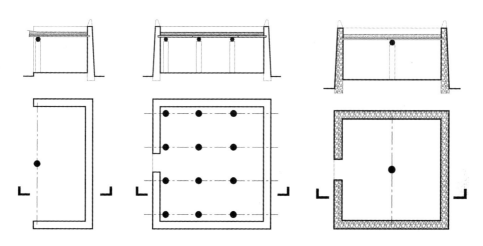

图4-44　采用边混式结构碉房平、剖面示意图

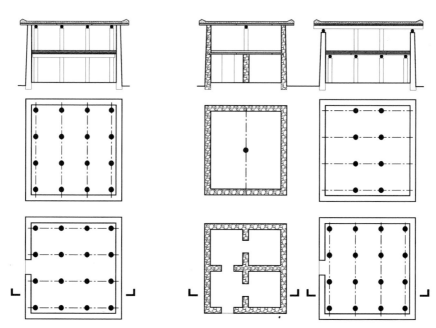

图4-45　采用全混式结构碉房平、
　　　　剖面示意图

图4-46　采用顶混式结构碉房平、剖面示意图

（2）各类墙柱混合承重式结构的演进

对各类"木框架承重式结构"来说，存在结构整体性差、消耗木材量大的技术缺陷，而对各类"墙承重式结构"来说，则存在空间大小始终受到梁椽长度的限制，因而均存在向墙柱混合承重式结构转变的需要。本文从结构构造技术合理性演进与空间扩展的视角，发现各类"墙柱混合承重式结构"间存在如下的时序演进关系。

①边混式结构的产生

对于"木框架承重式结构"来说，在以土墙或石墙作外墙时，在荷载较小或缺少木材时，可用外墙取代部分或全部边柱承担梁上的荷载，从而形成"边混式结构"。

由于墙柱混合承重式结构的整体性能介于木框架承重式结构与墙承重式结构之间，加上柱梁构造比墙梁构造复杂，故而墙柱混合承重式结构在采用墙承重式结构的碉房上的应用推广应较晚发生。

对于"墙承重式结构"来说，其扩大外墙开敞面的做法有两种：当跨度较小时，可将一面外墙取消，直接用梁支撑屋顶荷载；当跨度较大时，有中间采用隔墙或保留一小段边墙两种具有墙承重结构特色的支撑方式（图4-47）。在木框架结构的启示下，在荷载较小时，逐渐用木柱取代中间墙体支撑上部荷载，从而形成"边混式结构"，纯墙承重结构自此转化成了墙柱混合承重结构（图4-48）。

边墙承梁　　　　　　　　　　　　　　　　隔墙承梁

图4-47　墙承重式结构获得开敞面的不同做法

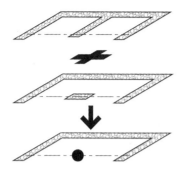
图4-48　墙承重式向边混式转变
平面示意图

图4-49　采用全混式
结构碉房内柱装饰

图4-50　采用全混式结构碉房外
墙装饰

但由于结构整体性能有所下降，故其应用应是以碉房局部或附属用房为主。

②边混式结构向全混式结构发展

由于墙柱混合承重式结构的整体性在一般情况下较木框架承重式结构强，并可节省木材，故对"木框架承重式结构"来说，极易转化成用墙取代边柱承重的"全混式结构"。当外墙为石墙时，构造与施工做法简便易行，并可进一步向多层"全混式结构"发展。当外墙为土墙时，由于中间楼层的梁端需要埋设在墙中，增加了夯土墙墙体施工的难度，故而主要应用于单层碉房上。由于"全混式结构"源于"木框架承重式结构"，所以沿袭了在室内柱梁上贴符咒、挂经幡的建造习俗（图4-49），并增添了"墙承重式结构"才有的外墙装饰与供奉习俗（图4-50），使墙、柱、梁的安全都受到神灵的护佑。

而对"墙承重式结构"来说，出于扩大空间的考虑，在碉房为单层时，可能会选择这一结构整体性有所下降的结构方式。但在碉房为多层时，由于其结构整体性降低，且底层柱有限的承载力会制约碉房竖向扩展，因而极少应用。

③顶混式结构的形成

对大多数外墙采用土墙的"木框架承重式结构"来说，由于全混式结构与工艺较为复杂，使其更倾向于仅在便于施工的屋顶层采用墙柱混合承重式结构，而下部仍保持木框架承重式结构（图4-51），以利于在施工便利性、结构安全性以

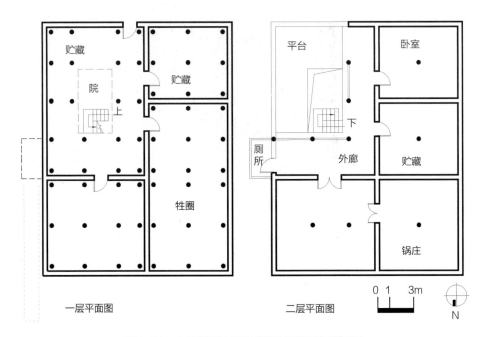

图4-51　土墙承重的顶混式结构碉房民居平面图

及节省木材间达成平衡。为避免梁端压坏墙体，还有于墙顶上置横木，将集中荷载转化成均布荷载的构造做法（图4-52）。这种上部为墙柱混合承重式结构，下部为木框架承重式结构的顶混式结构布局模式，逐渐成为"木框架承重式结构"向"墙柱混合式结构"转变的定式，而得到广泛应用。

对"墙承重式结构"来说，为兼顾"木框架承重式结构"的空间灵活性与自身竖向扩展的优势，亦多采用将墙柱混合承重式结构用于碉房屋顶加工与贮藏农作物的敞口屋[①]（图4-53）以及人居层部分，而下部仍保持原有墙承重式结构的结构布局模式，并逐渐在大多数采用墙承重式结构的碉房上得到应用。

在部分"墙承重式结构"分布地区，还利用框架柱梁出挑技术发展出"晾架"做法（图4-54），将传统户外晾晒农作物的"晒架"同碉房相结合（图4-55），

---

① 随着碉房屋顶用于生产生活场所，既安全实用，又节约土地，并形成了可作贮藏等用的敞口屋，为方便操作，逐渐将边混式用于屋顶敞口屋，取代墙体承重的开敞方式。

图4-52　墙顶置横木承托梁端

图4-53　顶混式碉房屋顶敞口屋

图4-54　碉房晾架

图4-55　传统晒架做法

作为农作物晾晒、贮藏场所，既方便又能提高安全性，其规模与农作物产量成正比，并可结合布置厕所、外廊等功能，而成为墙承重式结构碉房分布地区顶混式做法的一大特色。

由上可见，各类墙柱混合承重式结构的产生与发展，实际上就是木框架承重结构的空间灵活性同墙承重结构整体性能优势，由简单到复杂、由局部到整体不断整合的过程。

2）井干式与其他结构的混合承重式结构

虽然"井干式"消耗的木材较多，但其结构整体性好，制作简便，空间私密性强，因而，逐渐应用于其他结构类型碉房中，形成复合式承重结构，当地将碉房中的井干式部分称作"棚空"。因汉语音译不同，各地又有棒康、崩康、崩空、棒娃、棚空等叫法，本书以"棚空"集中分布地区四川省甘孜州的《甘孜州州志》（甘孜州志编撰委员会，1997）上的称谓为准。

（1）棚空的结构类型

实地调查发现，棚空在结构形式上存在"井干式棚空"与"框架式棚空"两种类型。按"棚空"与木框架的构造关系，"井干式棚空"又可分为"房中房式棚空"与"碉房复合式棚空"两种类型，"框架式棚空"又可分为"叠柱式棚空"与"整合柱式棚空"两种类型。

①井干式棚空

这类棚空的结构类型属于井干式墙体承重模式，按用法不同可分为"房中房式棚空"与"碉房复合式棚空"两种类型。由于棚空主要是弥补木框架承重式碉房的结构安全问题，故主要分布于"木框架承重式结构"应用地区。

当"井干式棚空"置于碉房中作贮藏室、经堂或卧室之用时，可称为"房中房式棚空"（图4-56）。屋顶做法为梁上铺板或密椽，地面一般不单独做而直接用楼地面替代，在结构上与碉房相互独立。

当"房中房式棚空"在结构上取代其所在位置的这部分墙柱，承托屋顶荷载，并与碉房承重体系整合成一体时，称为"碉房复合式棚空"，形式上完全打破碉房原有封闭的墙体形态（图4-57）。

②框架式棚空

这类棚空的结构类型属于梁柱框架承重模式，但棚空的整体形态构成特征没有大的变化。按上下层框架结构的构造关系，"框架式棚空"可进一步分为"叠

图4-56　房中房式棚空　　　　　　　　图4-57　碉房复合式棚空

图4-58 叠柱式棚空

图4-59 整合柱式棚空

柱式棚空"与"整合柱式棚空"两种类型。

为进一步扩大棚空室内空间，随着木工工具的进步，发展出用立柱取代墙体咬接构造的做法，由于棚空柱与下层柱上下叠置，故称为"叠柱式棚空"[①]（图4-58），真正突破了材料长度对空间大小的限制，但结构整体性却不如井干式。故而随着"木框架承重式结构"整合柱式工艺的发展，使"叠柱式棚空"的尝试逐渐为兼具"棚空"形式特征与结构整体性最强的"整合柱式棚空"所取代（图4-59）。

（2）各类棚空的演进关系

从空间规模扩大与结构合理性互动的角度来分析上述棚空类型，大致可分为以下发展阶段。

①单纯式棚空向房中房式棚空的发展

从现状所采用的结构形式与当地人的介绍来推断，"房中房式棚空"应是井干式房屋与其他结构类型碉房结合的最早形式。

由于康巴藏区多发地震与泥石流等自然灾害，"木框架承重式结构"与"墙柱混合承重式结构"的整体性差，因而逐渐与广布在康巴藏区的另一种轻质高强的建筑形式——井干式碉房相结合来解决安全性问题。其结合的主要动因在于：

一是井干式的结构整体性强，安全性高，在滑坡、泥石流、地震等自然灾害

---

① 当下部为墙体承重时，上部棚空柱则是叠加在墙上的。

中更有利于保护人员生命与家庭财产安全。

　　二是可改善碉房室内分隔少，私密性较差，财物保管不够方便等问题。由于两者在结构上相互独立，加工与移动都很灵活方便，从而使这一结合既具有必要性又具备可行性，由此诞生了最初的棚空形式——"房中房式棚空"。

　　②碉房复合式棚空的产生

　　"房中房式棚空"得到应用后，其扩大规模的方式有两种：一种是数量的增加，一种是增大用材尺度。据地方志记载，过去康巴藏区有条件的家庭一般都有1~2个这种棚空，条件更好的家庭甚至拥有5-6个这种棚空。而当"房中房式棚空"的平面扩大，在结构上接替柱、墙及其承担的屋面荷载时，就转变成了"碉房复合式棚空"，从而实现两者结构上的整合与碉房形式上的突破（图4-60）。

　　在结构上，这一改变会带来以下好处：首先，"房中房式棚空"的四角与下面柱头对齐，下面梁上受到的剪力将减小为零，但现状中往往仍采取保留内柱的做法，应与"木框架承重式结构"中内柱承担的荷载较大密切相关（图4-61）；其次，棚空取代外墙，使碉房的结构重心降低，可在一定程度上提高碉房整体的稳定性；再次，"房中房式棚空"整体性强，与碉房梁柱框架承重体系结合，可在一定程度上提高碉房整体的稳定性；第四，由于"碉房复合式棚空"本身具有

图4-60　碉房复合式棚空的形成

图4-61　棚空与室内柱

良好的围护作用，所以可取代相邻的外墙，尤其是东、南两个朝阳方向上的墙体，使碉房的结构重心降低，打破了碉房原有单一材料构成的外形特征。这种初期碉房复合式棚空除了具有上述结构优势外，同时还具有施工方便、形式美观的优点，因而被广泛应用。

当在竖向上扩大其规模时，可采用上下重叠与错叠两种做法。前者的结构构造类似于多层"井干式碉房"，后者的结构构造因上下层错位而互不影响，故做法不变（图4-62）。

当在水平向上扩大其规模时，一般的做法是将两"碉房复合式棚空"前后或左右合并，但由于相邻那面墙均要承担各自棚空的结构作用，在构造上无法合并或取消，所以中间始终存在一个无法利用的空间。对于这种情况，通常的解决办法是反其道而行之，将中间的缝隙扩大到一个柱距以上，从而利用两棚空相邻面及其间的外墙来围合成一个完整的、可利用的空间（图4-63）。

从现状调查看，康巴藏区建造年代较早的碉房复合式棚空普遍是采用这一做法来扩大规模的。但这一做法仍停留在增加数量的层面，还未实现扩大棚空空间的目标。如何取消相邻那面墙从而使空间连续是问题的关键，而加工工具的进步是构造上突破材料长短制约的契机。

③墙身立柱的引入

据调查，现状中普遍的做法是在两棚空之间加一根断面略大于墙厚的立柱，

重叠　　　　　　　　　　　　　　错叠

图4-62　碉房复合式棚空的两种竖向扩展方式

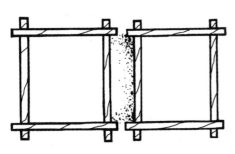

两碉房复合式棚空近距离拼接　　　　　　两碉房复合式棚空远距离拼接

图4-63　碉房复合式棚空的两种水平扩展方式

来取代与它们相邻的那面外墙的结构作用。具体做法是将立柱两端开榫，与棚空墙的圈梁体系连成一个整体，并沿柱身开槽来嵌固棚空墙的端部。依此类推，可以拼接出任意长度的连续墙面，从而摆脱材料长度的制约。这一做法的优点首先是取消了中间的墙体，使墙体重心降低，结构稳定性提高，造型效果更突出；其次是当用立柱取代相邻两棚空中间的一面墙体时，其间的缝隙消失，空间被完全利用起来；而当两面墙都被取代时，则形成一个连通的大空间，从而真正实现扩大棚空空间大小的目的，并可在任一方向上扩展空间（图4-64）。

　　由于立柱与棚空墙的拼接采用的是镶嵌构造，没有原来十字形咬接构造牢固，在受到地震冲击时容易扭曲而破坏，而且拼接的立柱越多，结构的整体性越差，这也是墙体承重结构方式共同的弱点（图4-65）。同时，由于门窗洞口的开设极大地降低了棚空墙的结构作用与墙体抗扭曲、抗倾覆能力，所以，现状中更多采用棚空与立柱相间布置的做法，而较少采用两面墙都被取代的做法（图4-66）。

　　④框架式棚空的突破

　　为了兼顾扩大室内空间与结构安全，另一种结构措施是用柱取代棚空墙角的十字形咬接构造，并改进柱梁连接构造，使棚空由井干式承重模式彻底转化成柱梁框架承重模式（图4-67）。由于上下层均为框架柱形式，且为叠压关系，因而可将之称为"叠柱式棚空"。这一做法还反过去影响到井干式房屋的井干式结构向框架式结构的转变（图4-68）。

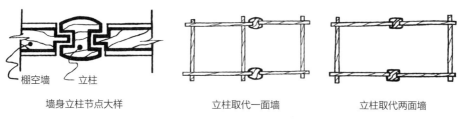

棚空墙　立柱

墙身立柱节点大样　　　　立柱取代一面墙　　　　立柱取代两面墙

图4-64　棚空墙身立柱的引入

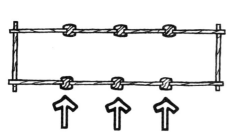

图4-65　立柱越多，侧向抵抗力越弱

图4-66　棚空与立柱相间布置

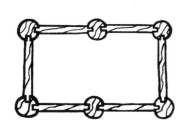

图4-67　立柱取代十字形咬接构造

图4-68　采用框架结构的单纯式棚空

　　由于"框架式棚空"的棚空墙仅起围护与辅助承重作用，使得它的布局更加灵活。为节约木材，可只在单面、双面或三面采用棚空墙的形式，而不必形成完整的井字形格局。因其仅保留了棚空的形式特征，而无结构作用之实，因而，在四川省甘孜州的甘孜县被形象地称为"棚子儿"，意为假"棚空"（图4-69），体现出当地习俗对棚空形式的审美和心理认同。

　　随着"木框架承重式碉房"整合柱式技术的应用，也带动了叠柱式棚空向整合柱式棚空的发展，但为了避免柱身开槽削弱柱身的强度，现状中更多采用"棚子儿"与"房中房式棚空"兼用的形式来取代"叠柱式棚空"，从而使"木框架承重式结构"与"井干式"各自在空间、结构上的优势得到有机整合与最大发挥（图4-70）。

　　在部分地区，还随着木框架构造的改进，进一步发展出"排架柱式棚空"（图4-71）或"双柱式棚空"（图4-72）。

　　综上可见，围绕结构与空间两大主题，棚空经历了井干式结构体系整体性能优势的发现、引用与扬弃的发展过程，并最终实现了与其他结构类型在结构性能与空间规模两方面的整合与优化。

图4-69　棚子儿

图4-70　棚子儿与房中房式棚空兼用的棚空

图4-71　排架柱式棚空

图4-72　双柱式棚空

4.1.2 自然与文化环境造就结构类型的不同地域分布

造成康巴藏区结构类型如此之多的原因，最根本的还是这里复杂多样的自然环境，客观的自然条件决定了可能的建造材料及其相应的结构类型，同时，功能需要与文化认同也影响到结构类型的推广应用。

1. 三种结构原型在康巴藏区的分布各有侧重

1）木框架承重式结构分布以康巴藏区以西居多

通过实地调查发现，"木框架承重式结构"是今天康巴藏区应用最为广泛的基本承重结构形式之一，分布在康巴藏区的大部分地区（图4-73），上述各类型存在如下的地域性分布规律：

"擎檐柱式结构"主要分布在西藏昌都地区北部以昌都县为中心的各县，既与其在这里的应用历史悠久，而形成固定的建造工艺传统有关，也与其构造施工简便易行有关，所以沿用至今。现状中，其应用范围还延伸到四川省甘孜州北部的德格、白玉等县的局部地区，说明这一类型曾经得到过广泛应用（图4-74）。

"叠柱式结构"由于取材方便，且较擎檐柱式做法节省用料，因而广泛应用于各类木框架承重式结构分布地区。现状中，主要分布在西藏昌都地区南部

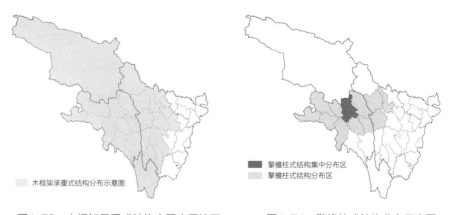

图4-73 木框架承重式结构主要应用地区　　　　图4-74 擎檐柱式结构分布示意图

的芒康、左贡与四川省甘孜州中、南部的巴塘、稻城、乡城、得荣等县，以及云南省迪庆州等地（图4-75），并向北扩散到昌都地区与甘孜州北部以及青海省玉树州。

"整合柱式结构"主要是对叠柱式结构性能的改善，所以是叠加在"叠柱式结构"分布地区中。但由于工艺较为复杂，取材不便，因而普及程度不高（图4-76）。其中，与棚空相结合的"排架式"做法与"双柱式"做法主要分布在四川省甘孜州的道孚、炉霍两县，应与这里地处鲜水河断裂带，促进了木框架承重式结构整体性的优化与提高相关。

值得注意的是，现状中，在各类木框架承重式结构的主要分布区之间的过渡区域中，还存在交融性、过渡性、尝试性做法多元并存的现象。比较有代表性的是，西藏昌都地区贡觉县与四川省甘孜州白玉县之间，沿金沙江两岸的三岩地区。由于地理环境极端封闭，不仅在文化上保存着古老的父系帕措、戈巴制度，而且在建筑上至今还存在着上述各种柱式并用的现象，堪称木框架承重式结构发展的活化石。并且，这里的民居普遍达到了4～6层高，为木框架承重式结构竖向发展的极致，极为罕见（图4-77）。

尽管相邻的卫藏地区普遍采用"墙柱混合承重式结构"，这种结构整体性介于"木框架承重式结构"与"棚空"之间的结构类型，但在康巴藏区木框架承重式结构分布地区中，除了西藏自治区昌都地区中部的左贡、察雅等县，有少部分

图4-75　叠柱式结构分布示意图

图4-76　整合柱式结构分布示意图

三岩地区的碉房复合式棚空   擎檐柱式做法

叠柱式做法   整合柱式做法

图4-77 三岩地区碉房与各种柱式做法

应用外，大部分地区未受影响，这其中大有原因，初步分析有如下几点：

首先，"木框架承重式结构"分布地区的自然环境中，大都土多石少，故现状中外墙基本都是采用土墙，因其受力易裂，不宜作承重墙，这是限制"墙柱混合承重式结构"在此推广的主要原因。尽管墙柱混合承重有兼顾节约木材与提高结构整体性的优点，但在梁端下设过梁，将集中荷载转化成均布荷载的做法，增加了夯土墙墙体施工的难度，故仅在顶层时才有所应用。

其次，在部分强地震影响区内，主要采用结构性能更佳的棚空，使得墙柱混合承重式结构无应用必要。

第三，高原宽谷地貌区的地基承载力弱，"木框架承重式结构"的墙体不受力，没有"墙柱混合承重式结构"的墙体厚，结构重量较轻，因而更为适用。

第四，四川省甘孜州稻城县的木框架承重式结构外墙采用石墙的原因，一方面与这里碉房横向扩展规模大，石墙较土墙更便于在外墙上开窗，来弥补室内采光不足有关，另一方面也与这里出产石材，保证了原料供给有关（图4-78）。

尽管安多藏区也普遍应用"木框架承重式土结构"（图4-79），但由于其地处高原宽谷地貌区，自然条件较为单一，故而在结构类型的多样性与完整性上不如康巴藏区。

综上，"木框架承重式结构"作为广布在康巴藏区大地上的一种代表性结构类型，其丰富性在整个藏区都是绝无仅有的，而康巴藏区独特的自然条件始终是其得以在此一脉相承地存续下来，而未被其他结构类型所取代的根本原因。

2）墙承重式结构分布以东部嘉绒藏区最为集中

现状中，各类墙承重式结构存在如下分布规律：

"基本单元"的应用各地都有，多用于小型或附属建筑。

"筒体式结构"以其强大的防御性能，而成为藏羌地区广泛应用的独特防御与居住建筑（图4-80）。东部嘉绒藏区由于地处高山峡谷地貌区，石材原料充足，为"墙承重式结构"的发展提供了充足的原料。同时，这里既是历史上著名的藏彝民族走廊核心地区，也是藏汉交接的边缘地区，部落迁徙与争斗频繁，更加促进了"筒体式结构"在这里的孕育、发展与广泛应用。采用筒体式结构的高碉也因建造历史之悠久，类型之多，应用之广，而著称于康巴藏区乃至整个藏区。难怪民族学家马长寿先生在《嘉绒藏族社会史》中得出："中国之碉，仿之

图4-78　稻城县的木框架承重式石碉房

图4-79　安多藏区的木框架承重式土碉房

简体式结构分布区

层叠式结构集中分布区

图4-80　简体式结构分布示意图　　　　　　图4-81　层叠式结构分布示意图

四川；四川之碉，仿之嘉绒。"①的结论。现状中，以四川省甘孜州丹巴县遗留的高碉数量最多，但多为明清时期建造。

"层叠式结构"亦分布在四川省甘孜州与阿坝州的嘉绒藏区各地。但现状中，由于空间扩展的需要，采用纯墙承重式结构的"层叠式结构"数量已大为减少，大部分已为墙柱混合承重结构所取代（图4-81）。

各类"墙筒组合式结构"亦主要分布在嘉绒藏区各地，用作土司官寨与苯教活佛住宅，而在民居碉房上的应用，调查中仅见于四川省甘孜州丹巴县，但据《嘉绒藏族史志》（雀丹，1995）一书记载，该类型过去在大小金川流域的黑水、理县、马尔康、金川等县一带都有分布（图4-82）。

3）井干式结构分布在康巴藏区大部

采用"井干式"结构的单纯式棚空在各地都有见到，应与其良好的结构整体性能相关，过去仅在林木丰沛的地区才有分布（图4-83），现状中，在缺乏原材料的高原宽谷地貌区中也较为多见，应与近年来藏区交通运输与通信条件得到极大改善，为地区间交流创造了便利条件密切相关，加上其制作工艺较为简便易行，因而得到广泛应用。

---

① 引自：马长寿. 马长寿民族学论集[M]. 北京：人民出版社，2003：129-130.

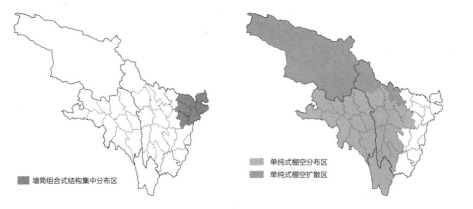

墙筒组合式结构集中分布区

单纯式棚空分布区
单纯式棚空扩散区

图4-82　墙筒组合式结构分布示意图　　图4-83　采用井干式结构的单纯式棚空分布示意图

2．不同外因造就了复合式结构的分布规律

受交通、工匠、结构性能、自然条件等因素的影响，各种复合结构类型各有不同的应用范围。

1）各类墙柱混合承重式结构的地域性分布规律

实地调查发现，现状中各类"墙柱混合承重式结构"存在如下分布规律：

"边混式结构"各地都有，属于简易做法，多于附属建筑、建筑外廊以及碉房边柱缺省时使用（图4-84）。

由于在结构性能上具有相对优势，"全混式结构"主要分布在"木框架承重式结构"分布地区。其中，在采用石墙的地区得到普遍应用，如四川省甘孜州雅江、康定、九龙、色达、理塘、稻城以及阿坝州壤塘等县的全部或部分地区。而在采用土墙的地区，由于墙体整体性差与施工较复杂等原因，故主要应用于单层碉房上。

由于结构整体性相对较差，加上受底柱有限的承载力制约，使"全混式结构"无法与"墙承重式结构"在竖向扩展上的优势媲美，故在"墙承重式结构"分布集中的嘉绒藏区应用极少（图4-85）。仅外墙为石墙的寺庙大殿建筑大多采用"全混式结构"。

图4-84　边混式结构分布示意图

图4-85　全混式结构集中分布示意图

"顶混式结构"在大部分地区都有分布（图4-86），采用土墙的"叠柱式结构"，受节省木材、提高结构整体性与简化施工等因素的综合影响，也多转变为下部为木框架承重式结构、上部为墙柱混合承重式结构的顶混式做法。

而在"墙承重式结构"分布地区，由于"顶混式结构"可在节地、竖向扩展、结构整体性、防卫性与空间灵活性

图4-86　顶混式结构集中分布示意图

等方面，兼顾"墙承重式结构"同"木框架承重式结构"的优势，从而在保证有足够生产、生活面积的同时，又可较好地解决以农为主的生产方式同山地用地局促间的矛盾。由于功能优势明显，适应性强，所以成为"墙承重式结构"分布地区主要采用的墙柱混合承重式结构类型。其技术成就以四川省阿坝州壤塘县宗科乡的元末明初遗构——日斯满巴碉房与马尔康县沙尔宗乡从恩村清朝中晚期的克沙民居为代表（图4-87），达到了"顶混式结构"竖向扩展的极致，也印证了《新唐书·东女国传》中这一带"所居皆重屋，王九层，国人六层"的记载。而流行于墙承重式结构分布地区的苯教文化，素有"以高为吉"的建造观，使人们更欣

阿坝州壤塘县宗科乡的日斯满巴碉房　　　阿坝州马尔康县沙尔宗乡的克沙碉房民居

图4-87　墙承重式碉房分布地区顶混式碉房实例

赏高大的碉房，则在文化上使顶混式得到人们审美心理的认同。

　　另外，晾架做法仅分布在嘉绒藏区范围内的四川省甘孜州丹巴县、色达县翁达镇，以及阿坝州马尔康县大藏、沙尔宗两乡，壤塘县宗科乡与金川县俄热乡等地，这种情况与这些地区农业相对发达，但用地紧张有关（图4-88）。

　　2）各类棚空的地域性分布规律

　　通过实地调查，发现棚空分布在康巴藏区大部分地区，并且各类型存在如下的地域性分布规律：

　　首先，在"井干式棚空"体系中，"房中房式棚空"各地都有应用（图4-89），但主要分布在康巴藏区的周边地区，如大渡河流域的嘉绒藏区，因地处藏、羌、

　■ 碉房晾架做法集中分布区　　　　　　　■ 房中房式棚空分布区

图4-88　碉房晾架做法集中分布示意图　　图4-89　房中房式棚空分布示意图

汉等多民族交合部，历史上战乱、匪盗不断，而棚空的防卫性极差，所以只作贮藏粮食与贵重物品用。

"碉房复合式棚空"的最初形态主要分布在金沙江两岸的西藏昌都地区的昌都、察雅、贡觉等县，以及四川省甘孜州的白玉、新龙等县与阿坝州金川县西北的太阳河乡到阿科里乡一带（图4-90）。这些地区主要受地理条件与文化历史的影响，长期与外界缺乏交流，加工技术相对落后，所以至今仍普遍沿袭"房中房式棚空"与"碉房复合式棚空"的最初形态。

应用立柱工艺的棚空各地都有，但主要集中在西藏昌都地区的江达县与四川省甘孜州的白玉、德格、新龙等县（图4-91），这里交通相对便利，受地震的影响较小，在长期发展中形成了制作工艺精良、规模较大的特色，成为这类"碉房复合式棚空"最为发达的地区。

其次，在"框架式棚空"体系中，"叠柱式棚空"主要分布在四川省甘孜州北部的甘孜县，而处于鲜水河地震带中心的道孚、炉霍等县的"叠柱式棚空"，大都为整体性更强的"整合柱式棚空"所取代。其中，道孚县以盛行"排架柱式棚空"为特色，炉霍县以盛行"双柱式棚空"为特色（图4-92）。

"棚子儿"做法主要分布在四川省甘孜州的甘孜、炉霍、道孚等县，并扩展到相邻的丹巴县、色达县翁达镇以及阿坝州壤塘县宗科乡等嘉绒藏区的西部地区（图4-93）。

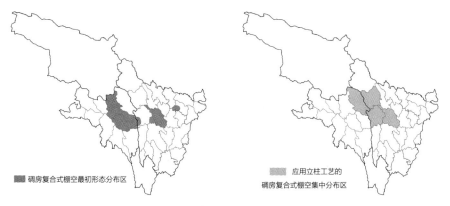

图4-90　碉房复合式棚空最初形态分布示意图　　图4-91　应用立柱工艺的碉房复合式棚空分布示意图

图4-92　各类框架式棚空分布示意图　　　图4-93　棚子儿集中分布示意图

　　单纯式"棚空"最初是单独或作为房间组合进碉房使用的，所以各地都有。然而，"碉房复合式棚空"在过去并未像今天这样得到普及应用[①]。据县志记载与当地老人介绍，过去只有寺庙活佛住宅与土司、贵族官寨才能使用，数量极少。究其原因，一方面可能受到等级差异及其相应的经济、政治地位影响所致，另一方面可能与重宗教轻世俗的传统建造观有关。而现状中的普及现象基本上是近年来发展的结果，在一定程度上体现出传统习俗对棚空形式的审美认同。

　　从单纯式棚空的移植到与框架结构的有机整合，每一步都体现出自适应与互动调节的特点。除"房中房式棚空"各地都有应用外，其余类型棚空的普及应用范围与抗震密切相关，其分布正好与鲜水河强地震带的强度梯级相对应：即地震带扩散区主要是"碉房复合式棚空"分布区，地震带边缘区主要是"叠柱式棚空"分布区，地震带核心区主要是"整合柱式棚空"分布区。

[①] 据各地县志与《甘孜州州志》（甘孜州志编撰委员会，1997）对棚空应用历史的记载，并结合民间访谈与现状考察综合判断，在四川省甘孜州的甘孜、炉霍、新龙、道孚等县，过去也以擎檐柱式碉房为主，只是近年来才为大量兴建的棚空所取代。

4.1.3 结构体系的地域性特色

康巴藏区碉房的结构体系与卫藏、安多藏区相比，虽表现出一定的共性，但更具有强烈的地域特色，是整个藏区碉房结构体系的代表。

1. 结构类型多元并存

从丹巴中路与昌都卡若两处考古遗址可知，早在新石器时代，康巴藏区碉房结构体系的多样性特点就已初步形成，并自成体系，相对稳定地应用于各地。

时至今日，康巴藏区碉房结构体系仍以各种类型齐全，且多元并存，而著称于整个藏区。不仅包含了墙承重、木框架承重与井干式三种结构原型，以及墙柱混合承重、井干式与其他结构混合等的棚空两种混合结构类型，而且这些结构原型与混合类型经过长期的发展，在自然灾害与空间扩展需要等因素的推动下，因地制宜，逐渐形成具有地域特色的、丰富的内部支系，如墙承重式又可分为筒体式、层叠式、墙筒组合式，木框架式又可分为擎檐柱式、叠柱式、整合柱式，墙柱混合承重式又可分为边混式、全混式、顶混式，棚空又可分为井干式、框架式等类型。

尽管结构类型众多，分布上存在交叉，但各结构类型都有自己稳定的集中应用区，互不取代，所以，至今仍能清晰地勾勒出各种结构类型的演进关系。

2. 各类棚空得到广泛应用

由于棚空消耗木材较多，在藏区大部分地区应用较少，唯独在康巴藏区得到广泛应用。

一方面，与卫藏、安多藏区相比，康巴藏区大部地处横断山脉地区，地势自西北向东南陡降，河谷深切，中、低海拔区域的土壤与气候有利于植被生长，故而森林资源丰富，可提供充足的原材料，这也是井干式结构能在这里得到广泛应用的客观基础。卫藏地区仅有位于横断山系西部边缘峡谷林区的林芝地区才有分布。另一方面，棚空的整体性较强，可较为有效地缓解康巴藏区地震多发地区人们的生命与财产安全问题，并且具有制作简便、空间尺度灵活、私密性与保暖性较强等性能优势，这是其在康巴藏区得到广泛应用的主观原因。

随着通信与交通运输条件的改善，近年来，棚空甚至在康巴藏区北部缺乏木材的高原宽谷地貌区中也得到推广应用。

3. 墙柱混合承重结构类型得到广泛应用

墙柱混合承重结构相对于墙承重式结构来说有横向空间扩展的优势，相对于木框架承重结构来说有结构性能与节省用料等优势，相对于井干式结构来说有节省木料的优势，并且适用于土、石墙体材料，故而一经形成，便在整个藏区得到广泛应用，并因碉房原有主体结构不同，而形成边混式、全混式、顶混式等不同的结构支系类型。

4. 结构体系自成一体，外来影响极为有限

康巴藏区碉房结构体系的发展演进动力主要来自两个方面：

一方面是自然灾害以及防卫、空间扩展与省料等功能要求，这是促进各种结构类型不断优化、发展的内在原因，如擎檐柱式向叠柱式的演进，以及各类墙承重式结构的形成均是如此。

另一方面是与民族迁徙、战争等重大历史事件相伴的文明的传播与相互影响，这是促进结构类型传播、演进的外部原因。在这一过程中，既有针对原来结构类型在整体性能、空间扩展等方面的不足，立足特定区域的自然条件，不断加以优化，而形成的新结构类型，如各类混合承重结构类型的形成与应用即是如此；还有高强结构类型的推广应用，其中最典型的就是筒体式结构。

但历史上这种文明传播与交流的范围更多地受自然条件的限制。周边地区的影响，主要限于相邻的、采用相同结构类型的地区，如羌族碉房的结构类型就与嘉绒藏区的碉房结构类型具有相似性。

而来自更远的汉地的影响则相对很少，仅康巴藏区东、南部靠近汉地的区域，分布有穿斗式框架结构构造做法，且多应用于寺院大殿坡屋顶构架。其成因

据任乃强先生调查，这一做法最早是由四川省东部雅安地区名山县工匠传入藏区的，其后才逐渐为当地藏族工匠所借鉴。虽然穿斗式较藏区的梁柱框架结构有明显改善，但由于汉族工匠数量少，工艺较为复杂，以及藏族居住分散等原因，所以在藏区民间的推广应用极为有限。

21世纪前后，随着四川各地工匠的大量进入，汉地结构构造技术才逐渐沿着交通干线向康巴藏区腹地推进，但仍限于工匠人数较少与大部分地区交通闭塞等因素而应用不多。

4.2
— ❖ —
技术性、文化性、地域性兼具的构造技术

康巴藏区碉房的墙作、大木作以及屋顶等主要构件的构造做法具有自身的特点和技术合理性，典型构件形态的塑造也具有特定的宗教文化象征指向，藏区各地流传的人体丈量尺度体系非常完善，可统筹设计、施工与取材等各个环节。

4.2.1 构造做法以技术合理性为客观基础

所谓构造做法的技术合理性，即既能够应对自然环境带来的技术难题，同时还能创造出新的构造形式，以满足使用者的需要。而康巴藏区地处条件恶劣的高原环境，加之藏民族独特的生活习俗，因此，碉房体系的构造做法当以此为客观基础，既满足需求，同时方便易行。

1．墙体构造的稳固技术

高原气候寒冷，全靠厚重的墙体保温，如何通过建造工艺、构造做法、加固措施等方面的构造技术措施，来保证土、石墙的整体性，以满足碉房形体超大尺度的需求并能经受地质灾害的考验，是墙体构造的重点。

1）构造做法

由于土墙易碎，石墙易散，故而通常采用以下构造做法来提高墙体的整体性。

在夯筑土墙或砌筑石墙时，一般每隔一段距离（据当地人介绍，通常在1m左右），要在墙体中放置木条，作为墙筋，并相互交错搭接，以增强墙身的整体性。

为减少对墙体整体性的削弱，各楼层都只在必要的位置开设门窗洞口。通常在底层仅开门洞，而不开窗。但也有一些面积较大的碉房，在底层墙面上开设小孔，作牲畜圈透气之用。在二层以上，大都在东、南两个方向的墙面上设窗采光。由于外墙面门窗洞口少而集中，不仅有助于保持墙体的整体性，而且也能起到防风、保暖以及增强防卫性等作用。相比之下，采用墙柱混合承重结构的碉房，由于墙体除自重外不承重，故而墙面上开设的窗洞较多（图4-94）。

2）建造工艺

为保证墙体的整体性，不同材料的墙体各有不同的砌筑工艺要求。如果是土墙，夯筑时要将每版接头做成斜缝，从而使左右两版能相互搭接，以减少垂直裂缝。同时，为避免墙基受潮，一般要先在地面砌筑几层石块，然后再于其上夯筑土墙。如果是石墙，砌筑时，不仅要避免墙身形成垂直通缝，还要注意大小石交错搭配

墙身加筋　　　　　　　　　　　　　　　墙面开窗

图4-94　加强墙体整体性的构造做法

砌筑，以保证传力均衡。尤其在墙体转角、墙面内外侧以及内外墙交界处等位置，均要在适当距离，放置大而长的石块，以使两片墙能紧密地咬合在一起形成整体。

由于碉房高大，土、石墙均可达到四五层的高度，因而，内、外墙均要采取降低墙体重心的措施。对于外墙来说，通常采取竖向收分的做法。一般墙体内壁保持垂直，而外墙面做竖向逐层收分，并且，在山地条件下，墙体收分的比例较平地时更大。通过墙体收分，使得碉房无论在构造上，还是在视觉心理上，都更为稳固。在嘉绒藏区中，还有采用形态别致的弧形墙的做法，即在分层砌筑的同时，有意将外墙四角抬高，从而形成中部下凹的弧线形墙面，不仅有助于加强砌块间的紧密性，而且在降低墙身结构重心的同时，又可使外墙重心更靠近平面中心，提高碉房的稳定性。但对于内墙来说，均不采用竖向收分做法，而是通过逐层减少上层墙体的厚度，来降低墙体重心。

另外，为保证墙身的整体性，每层施工完成后，通常都要间隔一段时间，以保证地基沉降稳定（图4-95）。

3）加固措施

当墙体过长时，一般要采取相应的加固措施。对于土、石墙体来说，通常都可通过设置内隔墙来起到加固作用。但在嘉绒藏区，为减少内隔墙对空间的阻碍，还有在石砌墙体上加设扶壁柱，来提高墙体整体性的构造做法，与当地五角碉加固的构造做法相同，体现了嘉绒藏区石墙构造技术水平的发达（图4-96）。

2．大木作的承力技术

1）柱梁排架布局

藏族碉房梁柱排架布局模式具有自身特点。由于高原上缺乏木材等原因，一般在每榀梁柱排架之间不再另外施加连接梁，而仅依靠密铺直径较细的椽条，来承托上部厚重的楼面或屋面荷载，并以此达成排架的整体稳定。仅在遇到大空间时，为改善梁柱排架的整体受力性能，才有在单向排架间施加少量联系梁，或将同向排架作环绕状布局等改进措施，以提高梁柱排架的整体性。而在少数寺院大殿中，则利用柱头十字交叉的"弓木"，形成井字形梁架布局。

石墙角大小石搭配　　　　土墙墙基奠石　　　　有竖向收分的土墙

竖向收分的石墙　　　　嘉绒藏区的弧形墙身

图4-95　土、石墙建造工艺

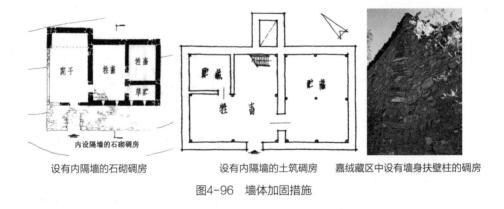

设有内隔墙的石砌碉房　　　设有内隔墙的土筑碉房　　嘉绒藏区中设有墙身扶壁柱的碉房

图4-96　墙体加固措施

　　在康巴藏区中，还存在一些具有地域性特色的做法，如在空间高大的寺院大殿与碉房民居中，于柱顶、柱身等位置加设连杆；还有通过将上下层梁布置成垂直方向，来改进碉房柱梁框架整体受力均衡性。在三岩地区，因碉房空间高大，甚至还采用布设双向梁的做法（图4-97）。

采用单向柱梁排架的大殿与民居　　　　　　　十字弓木形成井字形梁架

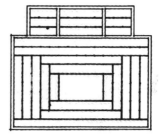

单向布局的柱梁排架　　　加联系梁的柱梁排架　　　环绕天井布局的柱梁排架

柱间设连杆的寺院大殿　　　　　　　　柱间设连杆的碉房民居

三岩地区布设双向梁的碉房民居　　　　　　与梁平行搭接的弓木

图4-97　柱梁排架布局

2）藏族建筑特有的梁柱间的传力构件——"弓木"

由于梁柱之间通常是简单的搭接叠压关系，而没有采取像汉族那样的榫卯连接做法，因此梁柱搭接面积小，稳定性差，故而在柱头与梁之间，一般设有一根较短的横梁，藏语称"朸"，因形如一张背朝下的"弓"，故意译为"弓木"，是藏族碉房梁柱之间不可或缺的一个传力构件。"弓木"的直径与立柱相当，既加大了柱头的受力面，又可有效缩短梁的跨度净距。

通常有单层与双层两种做法，在住宅中多用单层"弓木"，仅在寺院大殿等重要场合中才使用双层"弓木"。通常"弓木"与梁平行，但在康巴藏区中，"弓木"与梁之间也有垂直搭接的做法，虽没有缩小梁跨度的作用，但由于接触面加宽，从而简化了梁的布设施工难度。另外，在荷载与柱距较小时，为节省木材，也有少数省去"弓木"，将梁头直接搭接在柱头上的现象（图4-98）。

3．屋顶构造的整体性技术

屋顶构造做法非常注重整体性，以防止渗漏，采取了多项措施（图4-99）。一方面，屋顶要具有一定的坡度，并多在屋面檐口部位设置木槽，以及时排除屋面雨水；另一方面，屋面面层材料要具有一定的防水性。寺院大殿的屋顶面材通常采用既具有黏性、干后又坚实的"阿嘎土"，并且，还要进行表面磨光与浇洒榆树皮液或青油等工序，以提高面层的防水、防裂性能与光洁度。而普通碉房民

与梁垂直搭接的弓木　　　　省去弓木梁柱头直接搭接　　　　双层弓木

图4-98　独特的弓木

屋顶排水木槽

土夯碉房屋顶梁椽洞遗痕

屋顶女儿墙泛水

屋顶挑檐泛水

甘孜县城碉房掺有牛粪的屋顶

巴塘县城碉房土屋顶

图4-99　屋顶防渗措施

居一般仅能采用含有一定砂质的粗土，其防渗漏与抗溶粘的性能较差，易吸水发胀，增加屋顶重量，因而，在康巴藏区的部分地区，还有一些提高屋面整体性的地域性做法。据《四川藏族住宅》（叶启燊，1992）一书调查，在甘孜州甘孜县，有在土中掺合30%~40%牛粪的做法；在巴塘县，有用大小如蚕豆的红色页岩碎块（当地称"锈石"）取代屋顶面层细土的做法，打紧后，再铺一层青冈枝叶，经过夏季雨水浸泡后，锈石凝结，去掉青冈，然后磨光，便能不漏不裂，经久耐用。

另外，无论土筑墙还是石砌墙，在采用女儿墙形式时，都要将梁椽端头伸入墙中，以保证屋顶与墙体能构成一个结构整体，并普遍做有泛水，以防止屋顶与女儿墙的交界处发生渗漏，或挑檐屋顶面材流失。

4.2.2 构件形态以宗教象征为内涵

如果说构造的做法以技术合理性为基础，那么构件的形态则以满足宗教象征为目的，这也反映了宗教在建筑中的渗透。构造形态的宗教化主要体现在对构件的加工上，通过形态所暗含的象征意义来传达宗教理念。

1. 符号式的直接象征

在大、小木作以及墙作中，都有直接对构件形态进行加工，以获得某种直观的具有文化象征内涵的形式做法。

1）寺院殿堂立柱形态加工

在大木作中，通常要对寺院殿堂立柱形态进行加工。在各种立柱断面形式中，由于多折角柱断面呈对称的十字折角形，与佛教"曼荼罗"图形的形式相同，认为可带给僧众们无穷的加持力，因而被广泛应用在宗教建筑中。据《中国藏族建筑》（陈耀东，2007）一书统计，其断面形式有八角、十二角、十六角与二十四角等。具体做法是用竹梢、胶水在每面加贴比柱面稍窄的木板，使断面形成多折角形。当每面加贴一块木板时，呈十二折角形，称"楞四楞柱"；当每面加贴两块木板时，呈二十折角形，称"楞八楞柱"，并在柱的上下端及中部加铜或铁箍，既加强了木板和柱身的整体性，同时也可起到良好的装饰效果（图4-100）。

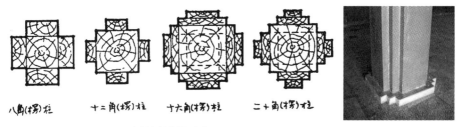

八角(楞)柱　　十二角(楞)柱　　十六角(楞)柱　　二十角(楞)柱

多折角柱断面形式

图4-100　柱形式

2)"弓木"的形态加工

"弓木"同样是大木作中进行形态
加工,用以取象比附的重要构件。在寺
院大殿中,其端头与底部多分成几段曲
线,并在两侧雕刻不同的花饰纹样,塑
造出外轮廓曲线,与柱梁枋装饰共同烘
托出场所的宗教氛围(图4-101)。

图4-101　弓木形态

3)小木作构件形态加工

在小木作中,室内外门窗框扇、家具的边框以及阳台、走廊的栏板等构件,
均是进行形态加工的重点装饰部位。一般可将其直接加工成象征吉祥的图案形
式,有趋吉避凶的意义。如将栏板、门窗扇面组合成万字符图案,或将门窗框等
雕刻成凹凸有致的小方格,藏语称为"缺扎",汉语译为"堆经",因形似松树
的松子,故又称为松格门框[①](图4-102)。

2.隐喻式的间接象征

构件形态加工除上述具象象征做法外,还有更为抽象的隐喻式间接象征做

---

① 参:徐宗威. 西藏传统建筑导则[M]. 北京:中国建筑工业出版社,2004:508.

水柜边框雕刻堆经图案

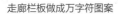

走廊栏板做成万字符图案

窗扇做成万字符图案

图4-102　小木作构件形态

法，既体现了藏区的共性，又体现了康巴藏区的地域特色。

1）凸字形墙面的宗教隐喻

在藏区，有将大门檐墙、台阶侧壁、屋顶山墙等部位做成凸字形的习俗。由于其轮廓线与象征须弥山的"曼扎"在形态上具有相似性，因而该形式也具有吉祥的文化意味（图4-103）。

2）女儿墙角部凸起的神灵意指

屋顶除设有煨桑炉外，在大渡河流域的嘉绒藏区与雅砻江流域的扎巴藏区，

采用凸字形墙面的碉房民居

采用凸字形构图的大殿台阶

采用凸字形构图的活佛住宅大门

图4-103 凸字形墙面

扎巴藏区碉房屋顶四角突起

嘉绒藏区碉房屋顶月牙形凸起

嘉绒藏区碉房屋顶三角形凸起

图4-104 屋顶四角凸起

通常还有使女儿墙角部凸起来的做法,用以象征四方诸神,并于其顶上放置白石,于其转角处安插嘛呢旗,作为对神灵的供奉。但在形态做法上存在一些地域性差异,如嘉绒藏区的凸起呈三角形或月牙形,而扎巴藏区的凸起呈台阶形,并于各级台顶上覆盖大石板(图4-104)。

3）丹巴母碉碉身构造做法

在嘉绒藏区中的丹巴地区，有把高碉碉身中的加固木筋整齐排列于外墙一侧的做法，因其神似当地妇女身穿的百褶裙，故而，当地人将这种形式的高碉称为"母碉"，带有浓厚的原始生殖崇拜文化习俗的遗痕（图4-105）。

图4-105　母碉

4.2.3　构造技术以独特的尺度体系为标准

1．独特的人体丈量尺度

藏族建筑有较完备的尺度度量标准或模数。藏区各地民间都有用人体上肢与手指来作为度量工具的习惯（图4-106）。据现有研究资料来看，康巴藏区与卫

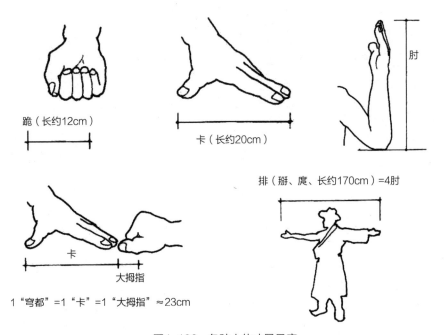

跪（长约12cm）

卡（长约20cm）

肘

排（掊、庹、长约170cm）=4肘

卡

大拇指

1"穹都"=1"卡"=1"大拇指"≈23cm

图4-106　各种人体丈量尺度

藏藏区的尺度体系构成存在一定差异。

《四川藏族住宅》（叶启燊，1992）一书指出在四川省阿坝州与甘孜州区中，历史上，建筑度量工具都很简单。除大、小金川、巴塘、康定等地因汉族聚居，而流行用汉尺外，大部分地区都采用"庹""卡""跐"三种尺度单位。其中，"庹"是人将两臂侧平举时，左右指端间的距离，一般在1.7m左右；"卡"是将拇指与中指尽量张开时，两个指头中间的距离，一般长约20cm；"跐"是量一卡时，拇指伸直，中指弯曲两节时的距离，长约12cm。

《中国藏族建筑》（陈耀东，2007）一书指出藏族民间有"指、拃、肘、庹"四种惯用的丈量长度的尺度单位。其中，"指"是指一个指头的宽度；"拃"与"卡"相同；"肘"是指曲肘伸掌时，中指尖到肘弯底的距离；"庹"又称"排"，长度与四川藏区中的界定相同。据该书作者对拉萨当地从事过寺院建筑工程的工匠的访问发现，藏族建筑中还存在另一套更为规范的尺度系列，即"穹都、寸、分"，其中，"穹都"在25.2~25.8cm之间，相当于1卡加上1大拇指的长度，而"寸"为1/27穹都，"分"为1/4"寸"，并且"7穹都的长度为一庹"。

从中可以看出，藏区各地间的尺度系列存在一定的差异，但毫无疑问的是，藏区各地的尺度均与人体上肢有关。究其原因，在于上肢不仅可方便、灵活地操作，而且，对同一位工匠来说，其上肢尺度是固定的，具有可重复性，因而，以上肢各部位作为丈量尺度的基本单位具有实用、便捷、准确的特点。

2. 不同尺度单位具有关联性

一般来说，同一建筑类型采用的基本尺度大致相同，只是随着时代的发展，与传统碉房相比，现代碉房的基本尺度都有增大的趋势。传统碉房中只有不同性质的建筑类型，才会在墙基厚度、柱中心距等基本尺度的确定上存在较大的差异。据《中国藏族建筑》（陈耀东，2007）一书统计，在西藏，"民间住宅柱间距约8~9穹都，层高（地坪到椽底）8.5~10穹都，柱高不低于7穹都……寺院及大型公共建筑柱网间距12~13穹都，层高12~14穹都，柱高不低于8穹都"。

在碉房平面总尺寸与层高等大尺度的计量上，不同结构类型的碉房又有不同的度量单位。在墙承重式碉房中，一般以房屋长、宽方向的总尺寸，来计算房屋的平面大小，如面阔五庹，进深六庹的碉房；在木框架承重式碉房中，一般以相邻四根立柱围合而成的"间"，作为基本单位，来计算房屋的平面大小，如面阔三间，进深四间的碉房；在墙柱混合承重式碉房中，一般以室内立柱数量来计算房屋的平面大小，如设有16柱的碉房。

尽管各种结构类型碉房总体尺度计量单位的形式不同，但在数据上具有一定的关联性。据《四川藏族住宅》（叶启燊，1992）考证，一座平面五庹见方大小的墙承重式碉房，扣除外墙厚度之后，在平面尺寸上，与一座以2.3m为标准柱中心距（等于1.5庹或9穿都），面阔与进深均为三间的木框架承重式碉房平面大小相同。而一座25间的木框架承重式碉房与一座16柱的墙柱混合承重式碉房平面大小相同。

3. 较完备的尺度系列

藏区各种尺度体系都是由多个不同的尺度单位组合而成，用以分别解决建筑总体与构件细部的尺度丈量问题。在总体上，以间、柱、穿都或庹等为单位，来计算平面柱距、梁与弓木长度以及净空高度等；在细部上，则以拃、卡、跪、分、寸等为单位，来计算墙基宽度、墙体收分、柱径、梁的高宽等尺寸。如《四川藏族住宅》（叶启燊，1992）一书中载，一楼一底的碉房住宅，墙基厚度为三卡，二楼一底的碉房住宅，墙基厚度为四卡，而墙身竖向收分，则按照每层楼墙高（按1.5庹计）收分一"跪"的比率进行，收分率约为5%。藏区这种组合尺度系列虽然相互间无直接、方便的换算比例关系，但仍然能起到便于丈量各种大小尺寸，以及快速、有效计算工程量的作用。

4. 空间尺度具有合理性

藏族碉房的空间尺度具有一定的合理性。据调查，在木框架承重式与墙柱混合承重式碉房中，室内净空高度与柱中心距等基本尺度一般均为2.3m左右，而墙承重式碉房虽然仍以庹为计量单位，但在碉房开间、进深、净空高度等大尺度的计量上，仍与2.3m这一基本尺度单位具有相似的比例关系，由于藏区碉房的每层净空高度都与柱间距相同，为1.5庹或2.3m，在面积较大、空间较高的大殿等建筑中，则加倍，如此可将藏族碉房视为由若干个这样的空间形态单位组成的整体，这样的空间形态构成原则具有以下优点：

首先，这一标准空间形态单元近似于立方体，既便于实现标准化、模数化的高效率建造，又使碉房整体形态在韵律、均衡、比例等形式美方面，易于达成统一与协调；同时可视用地条件、建造规模等具体情况，对地域标准碉房形态模式进行灵活变通，又可应对加、扩建等变化，在形式上重新达成和谐，从而使藏族碉房的形态塑造表现出极强的灵活性与生长性。以木框架承重式碉房为例，一般可在原有碉房周边立柱，然后扩建围墙，从而形成更大的空间，其余结构类型碉房的扩建方式也与此大同小异（图4-107）。

其次，这一标准空间形态单元选取2.3m为标准，这一尺度略高于一个身高1.7m的人向上伸直手臂后的总高度，既符合人体工学的要求，又有利于保温、省料，还具有便于取材、运输与加工等优势。

木框架承重式碉房空间扩展方式

墙承重式碉房空间扩展方式

图4-107 各种碉房空间扩展方式

　　总之，藏区碉房体系，正如《四川藏族住宅》（叶启燊，1992）中所说："尽管这些度量标准，很不精确，也很原始，但从他们创建的住宅看来，还是达到了相当完整的体系和定型化。"并在此基础上，创造出了各地丰富的碉房形式。

4.3
❖
原始而有效的建造施工

　　在藏区，营造过程通常依靠专业分工、各环节宗教仪式、内脚手架施工方法以及原始合作机制等手段，来实现队伍组建、保证施工质量以及提高建造效率等目标。

4.3.1　专业分工与宗教仪式保证建造质量

　　在藏区，专业分工与宗教仪式分别代表建造技术与文化心理两个方面，前者是对建造质量的技术保障，后者则更多地增加了人们对建造质量的心理认同。

1. 专业分工（协作）有效地提高了建造质量

　　据《中国藏族建筑》（陈耀东，2007）统计，藏区建造队伍有专业分工，分为木、石、泥、铁、彩画油漆及裁缝六个工种。其中，木工负责加工制作与安装各类大、小木作构件以及所有木构件上的雕饰等工作；石工主要负责石料加工与墙体砌筑以及安放门窗过梁、雨棚、挑椽及墁地等工作；泥工主要负责内、外墙的抹灰以及楼地面与屋顶的制作工作；铁工主要负责门窗、楼梯、柱等建筑构件、边玛檐墙以及屋顶上铜铁饰件的制作及安装工作；油漆彩画工主要负责所有木作、内墙面以及家具陈设的油漆彩画工作，壁画与唐卡绘制则需另外请专门的绘工来完成；裁缝工主要负责制作并张挂门窗帘，前廊和大窗外的遮阳篷布、檐口风帘，室内柱衣、悬挂的帐幔等。木工中的首领还身兼建筑设计者、工程技术的总负责人与施工组织者数职于一身，既负责指挥石工、泥工完成建筑主体结构，又负责安排与协调各工种的施工进度。

这种专业分工使工匠们在长期从事同一个专业工种中，不仅熟知专业技能的操作规范，而且能在施工中达到高质量的建造水平，并通过各工种的协作，完成高质量的建筑。

在康巴藏区中，成就最突出的当属石工。早在20世纪上半叶，《西康图经》（任乃强，2000）作者——藏学家任乃强先生在考察时就发现，这里"有专门砌墙之番，不用斧凿锤钻，但凭双手一筐，将此等乱石，集取一处，随意砌叠，大小长短，各得其宜；其缝隙用土泥调水填糊，太空处支以小石；不引绳墨，能使圆如规，方如矩，直如矢，垂直地表，不稍倾畸。并能装饰种种花纹，如褐色砂岩所砌之墙，嵌雪白之石英石一圈，或于平墙上突起浅帘一轮等是。砂岩所成之砾，大都为不规则之方形，尚易砌叠。若花岗岩所成之砾，尽作圆形卵形，亦能砌叠数仞高碉，则虽泰西砖工，巧不敌此"。这些高碉不仅在高度上达到极致，而且历经多次地震、战乱的洗礼，仍能巍然耸立，除了说明结构构造设计合理之外，还与石匠们精湛的建造技艺密切相关。

2．宗教仪式帮助人们建立对建造质量的心理认同

青藏高原的自然条件极端恶劣，使得宗教神灵始终存在于人们的观念之中。千百年来，藏族一直普遍信奉土地神。在他们看来，不同的方位由不同的神灵所主宰，人们只能时常加以礼敬，而不能违背神灵的意志，并由此形成很多禁忌，来约束人们的行为。不仅在凡是被寺院指定为神林的区域中，禁止伐木、采药、打猎等活动；而且，破土、砍树、凿石等建造活动也属于对自然神灵管辖领域的侵犯行为。

受宗教文化的影响，在每一项建造活动中，各道工序都有相应的宗教仪式。这些宗教仪式的做法大同小异，目的都是通过仪式与供奉，来得到自然神灵的认可与保护，并通过这些仪式，帮助人们建立起对工程质量与安全的心理认同，确保建造活动顺利完成。

　　以最普通的碉房民居为例，建造前，都要请活佛或喇嘛来念经，向"龙神"求得土地，然后，通过辨别周围的地理环境与山形走势，以及用地范围内的土质与地基坚固程度，来确定具体的建造位置与方位朝向，并根据主人的生辰八字选择开工时间。而在雅砻江流域的扎巴地区，据《鲜水河畔的道孚藏族多元文化》（刘勇等，2003）一书调查，人们在选择房基时，则是请当地称作"子巴"的占卜者（非僧侣）来念经、打卦、选址，到开挖基脚之前，还要请寺庙喇嘛来此诵经，请住在房基上的神仙、灵魂移开。仪式结束后，才打卦，择日，挖地基。

　　地基选好后，择吉日举行破土仪式，一些地方将破土仪式和奠基仪式合二为一。届时，需请喇嘛到现场诵经做法事，在宅基地前摆"五谷斗"，设祭台，置供品，燃放桑烟，向"土地神"和"龙神"赎地基为己用，并祈求人畜安康，风调雨顺。在扎巴地区，则要在第一锄开挖之前，先用乌龟壳、羚羊角、鹿角或有爪之野兽的爪，绕地基四角画一圈，意为该地基不是人动的，而是这些动物动的，如果地神要责备的话，就将怒气与灾难降在这些动物身上，而不要牵连到将来在此居住的人户。另外，在昌都等地，房屋挖好基脚后，也有这种用熊爪或羚羊角在房基四周挖几下的习俗。

　　正式开工后，主人要在离地基不远的显眼处，树立"经幡"，有阻止闲言碎语和溢美之辞，以确保房屋牢固和家庭幸福。在扎巴地区，也有建造过程中不许唱歌的习俗。

　　开挖时，讲究动第一锹土的人必须属相相合。一般请属猪的人动第一锄头，因猪天生有到处乱刨、乱拱的习惯，故不会得罪"土地神"与"龙神"。如果家人中无合适之人，则请一名父母双全、家境富裕且五官端正的小男孩来挖第一锹土，然后家人在房基的四个角落象征性地挖土，破土仪式即结束。一般要在房基的四角埋设宝瓶，内装青稞、小麦等五种粮食和五色绸缎等物，这种宝瓶要经过寺院念经之后才能发挥作用。据《康巴风情》（甘孜州文物局，1999）一书调查，有条件的人家还要放一些金属、宝石在里面，用来供养在地上到处徘徊的"土地神"，与象征房基永固。在立柱前，先将茶叶、小麦、青稞、大米等粮食和珠宝等放入一个小袋中，埋置在柱础下，希求房屋永固，然后再立柱。在扎巴地区，地基挖好后，也有由男主人在房基四角以及每根柱的柱墩下面，放一些金银珠宝

供奉于大殿中用于敬土地神的陶瓶　　　　　　　新房门框上悬挂的避邪彩条

立柱与梁间压彩布条　　　　　　　　在立柱上包裹哈达

图4-108　建造工序中的宗教仪式物件

与神山上的泥巴（称为"措郎""曲郎"）的习俗。

在上梁立柱时，要在立柱与横梁的结合部压放经喇嘛念经加持过的红黄布条，在横梁上面放一些小麦粒，在立柱上拴挂哈达，象征吉祥，另外，在门窗安置好后，也要拴挂哈达，以示吉祥（图4-108）。

总之，在藏区，建造活动始终是一项极为神圣的活动，郑重其事的建房过程体现了对自然神灵与家神的敬畏。

4.3.2　简易施工方法提高建造效率

《中国藏族建筑》（陈耀东，2007）一书中指出，"由于长期的实践活动，藏族建筑在施工组织和方法上，有一套较为合理的办法，所以能在较短的时间内，

在施工条件不理想的情况下，而能建造
工程量大、技术复杂、高质量的建筑。"

在藏区，无论多高的建筑，均将
脚手架搭设于墙内一侧，而不设外脚
手架。由于大多数碉房的层高都在
2.5m左右，每层只需在中间搭设一步
架，即可轻松完成整层墙体的施工，
而且脚手架还可移至上一层重复使用

图4-109　内脚手架

（图4-109）。因而，与外脚手架相比，依靠内脚手架施工可极大地减小施工设
备用量，提高建造效率。在砌筑石墙时，工匠们则采用反手砌筑技术，保证了
外墙面的平整度。

内脚手架施工方法简便、合理，极大地降低了工程难度，以很小的工程代价
与简单的工程设备，就能完成高碉、寺院、官寨、宗堡等大型、复杂建筑的建
造，并可保证极高的建造效率与建造质量。

4.3.3　原始合作机制保障劳动力资源

在藏区，除专业工匠之外，没有专门的施工队伍，因而需要搭配一定数量的
劳动力资源来担任杂工，负责配合专业工匠，保障材料供应与提供后勤服务等工
作，提高建造效率（图4-110）。

一般将专业工匠与杂工人数之间的比例关系，称作"技壮比"[《中国藏
族建筑》（陈耀东，2007）]。在五世达赖喇嘛时期修建布达拉宫时，共调集了
1559名技工，并分两次各调集了5707名与5737名差民，其"技壮比"大致都为
1：3.66。并且建造活动还有一定分工，通常由男性承担砌筑墙体、上山砍伐木
料、备运石料等技术性强和重体力的劳动；由女性承担备、运泥土，背水、和泥
等其他辅助性劳动和杂务。

对于官寨、寺院等大型建筑来说，通常都由寺院、土司负责召集与组织辖区

负责背土的妇女　　　　　　　　参与寺院建造的工匠与村民

工匠在帮工协助下施工　　　工匠指导大家立架　　　参与建造的工匠与帮工们

图4-110　建造活动中的原始协作

属民，并投资投劳。如在嘉绒藏区中，凡修筑寨碉时，均由部落首领、土司或村寨首领负责指派劳力，辖区属民则共同承担建碉的投工投料与全部经费。再如《金川县志》（金川县志编撰委员会，1997）中载，苯教大寺雍仲拉顶寺建造时，嘉绒藏区全部十八位土司不仅共同负担建造费用与提供人力，而且还共同负担了寺院大殿的十八根立柱的原材料。

　　而对于碉房民居的建造，则普遍采用原始换工合作机制，来保障建造活动有充足的劳动力资源。笔者在四川省甘孜州丹巴县革什扎乡调研时，也亲眼见到当地人至今仍保持有这种将换工情况记录在小本上，以便随时核对的做法。

　　这种合作机制通常都有一定的血缘与地缘基础。如《丹巴地区村落中"斯基巴"和"日瓦"社会功能的调查》（多尔吉，1994）一文中载，在甘孜州丹巴县和道孚县曾经存在过的"斯基巴"和"日瓦"，就是以血缘与地缘关系结成的两种民间组织，其中，"斯基巴"是以父系血亲关系为纽带，构成的家族集团；"日瓦"是以地缘关系为基础，结成的协助性集团。作为一种共享的人力资源，两者相辅相成，共同完成包括建房在内的各种大事。

　　一般先由建房家庭负责各种准备工作，如聘请工匠、积蓄原料、资金和食物等。然后，由"斯基巴"成员出劳力，如有困难，建房家庭也可将需要"斯基巴"成员们分担的内容公之于众，以征求全体"斯基巴"成员的意见，对于那些的确无力承担的成员也不勉强，而奉行"有钱出钱，有力出力，自愿互助"的原则。房屋落成仪式时，"斯基巴"成员均要带着钱和青稞酒前来参加庆祝，并由斯基巴成员中的长者代表全体家庭向工匠致谢。同时，建房过程也离不开"日瓦"成员的支持。除了同样要投工投劳之外，还要赞助部分粮食与原材料。房屋落成典礼时，"日瓦"成员还要帮助筹备生活用具、制作食物和饮料，并承担各种服务性事务。

现状调查也证实，藏区各地均存在与之大体相同的协作组织，既为户主节省了大量开支，又保证了建造活动的劳动力资源。

5

❈ 康巴藏区碉房体系的 ❈
丰富装饰文化

藏族建筑可分为宗教建筑和世俗建筑两大类型，分别以寺院建筑和普通民居为代表，两者在装饰效果对比度和装饰题材丰富度上相差悬殊，但寻求护佑、祈求吉祥的装饰目的使得人居环境具有文化内涵的统一性和装饰效果的整体感。本章首先归纳了藏区宗教建筑和世俗建筑的基本装饰模式，以及五种基本色彩的象征和应用，进而结合史学和民族学研究成果，对康巴藏区常见的各类典型装饰题材进行了较为详尽的归纳和解析，有助于在整体上认识和更好地维护与延续康巴藏区整体与内部各文化区的地域建筑风貌特色。

5.1
— ❖ —
寺院建筑和普通民居的基本装饰模式

依循功能和文化模式，分别归纳出寺院建筑和普通民居的基本装饰模式，它们代表了宗教和世俗建筑装饰文化的两极。色彩作为一个相对独立的装饰元素，具有丰富的象征性内涵，藏区人居环境的彩化倾向明显，在宗教和世俗建筑上得到普遍应用。

5.1.1　普通民居的基本装饰模式

民居装饰主要受万物有灵和苯教三界观的影响，以上敬天神、下镇鬼怪达到中安人居的目的。尽管在装饰做法和装饰题材上存在地域性差异，但基本装饰模式均与藏族民居的竖向功能布局模式具有对应关系。其中，屋顶和檐口装饰均与敬奉所在地的山神等天神密切相关，有在屋顶燃烧松烟，在屋顶和檐下插、挂五彩经幡的习俗；外墙装饰以敬奉善神、震慑恶神、护佑家宅和人员平安为目的，多采用黑、白二色涂饰或以素色作为基调，兼有悬挂经幡、放置摆设和镶嵌嘛呢石等装饰习俗，主要集中在门窗、外墙角和墙脚等与家宅安全息息相关的部位；室内装饰主要集中在人居层的锅庄房和经堂中，其中，锅庄房多以在中柱和梁上绑扎哈达、青稞来敬奉家神，以护佑家宅平安、祈愿人丁兴旺和粮食丰收。每逢藏历新年来临，都要用白色颜料、糌粑或白土点绘蝎子、鱼、蛙、茶壶、切玛供盒、供品、摩尼宝、雍仲以及吉祥八宝图案，来装饰被视为祖先、中柱神、灶神①等家神依附处的梁柱和灶台端头墙壁；经堂属于宗教室间，装饰上基本与寺院大殿、僧舍相同，需齐备佛、法、僧三宝以及身、语、意三所依，只是装饰相对简陋，重在方便礼敬神佛和僧人做法事、修行和居住（图5-1）。

5.1.2　寺院建筑的基本装饰模式

苯、佛均视寺院为可以护佑僧众依照教义、教规修行的坛城，并肩负弘扬教法、护佑一方平安的责任。尽管装饰题材选择会因教派、殿堂性质和供奉主尊等的不同而略有差异，但寺院建筑基本装饰模式均以敬奉神佛、教化众

民居外部装饰

内墙涂刷白色图案　　内柱绑青稞、挂哈达

经堂室内装饰

图5-1　民居装饰基本模式

① 灶神是家神的一种，无具体形象，但有固定依附处，如锅台边上的墙上与厨房的梁柱上。每天打茶、烧奶、煮食也都要先往墙壁、梁柱等灶神依附处洒上一点后全家才能进食。讲究厨房、灶具、餐具的卫生等都是对灶神敬重的具体表现。锅庄房是全家人生活起居的主要空间，普遍都有灶神，即锅庄神，其装饰与禁忌意义重大，关系全家的命运。火神与灶神总是连在一起的，忌讳把人与动物的毛发、狗屎、指甲等不洁物放入燃烧，否则要受到惩罚。从灶上迈过与烤脚，都被认为是对灶神的亵渎。

生、弘扬教法、护佑坛城为目的。

　　其中，外部装饰重在彰显弘法和护佑寓意，多以红、白二色涂饰为基调，并在大殿坡屋顶或檐墙四角安插摩羯、屋顶四角摆放胜利幢、檐口正中安放二兽听法、檐部涂饰白色董称、镶嵌六字真言和十相自在等铜饰、门窗扇及其挂帘绘以佛八宝等图案。

　　室内装饰也有固定之规，以佛教寺院殿堂为例，首先须遵照佛祖释迦牟尼临终前的指示，以佛像、佛经与佛塔三所依作为佛、法、僧三宝的象征，并以之作为寺院僧众供奉、依托的对象，由此奠定了宗教建筑室内仪设布局的基本模式。一般中央安放释迦牟尼佛或宗喀巴大师像等佛像作为佛的身之所依，象征佛陀的圆满之身，像前摆设供桌，上置各式供品；左侧安放大藏经等佛经作为佛的语之所依，象征获得圆满之语或佛法的具象之物，一般放在高处；右侧摆放佛塔作为佛的意之所依，象征僧众及其顿悟之心，一般较佛像低。另外，还可摆放法鼓、曼扎、立体曼荼罗、圣物、法器等具有供奉、观想以及加持功能的宗教仪设。

　　在此基础上，与修行空间和礼拜空间布局模式相对应，修行空间装饰主要以护佑为目的，如以象征佛五智和真如佛性的金刚杵作为柱饰，以象征修成正果的胜利幢作为经堂挂饰，以象征吉祥、永恒的万字符作为栏板图案；而礼拜空间装饰主要以教化、敬奉为目的，最典型的装饰题材有六道轮回图、十二因缘图、和睦四瑞图、佛本生故事、八瑞物、吉祥八宝图等，装饰部位主要集中在门窗、天花和梁、柱、墙上，装饰做法主要有绘画、挂饰、雕饰等（图5-2）。

大殿外部装饰　　　　　　　　修行空间装饰　　　　　　　　礼拜空间装饰

图5-2　寺院大殿装饰模式

5.1.3　藏族五色象征模式

色彩象征在藏区有深厚的原始崇拜、苯教和藏传佛教文化内涵。蓝、白、红、黄、绿是藏族建筑常用的五种色彩，象征着五行、五个方位、合成生命的五蕴、构成宇宙的五大元素、构成自然界的五种元素、五种动物、五方佛以及能消除五种烦恼的五种智慧（表5-1），不仅在建筑室内外都广泛使用，也应用在哈达、经幡等仪设上，具有标识、教化、敬奉和护佑等功能。

在藏区，寺院建筑和民居经堂普遍有彩作的习俗。一般梁、柱以红色为底，

五色象征一览表　　　　　　　　　　表5-1

五色	五行	五方	五大	五蕴	五种自然元素	五种动物	五方佛	五智
蓝	水	中	空	色	天空	马	中部密严刹土中的佛陀部诸菩萨之身色	中央毗卢遮那佛（大日如来），代表法界体性智，转无明烦恼，比喻自性清净
绿	木	北	水	行	江河	龙	北方业圆满净土中的功业部诸菩萨之身色	北方不空成就佛，代表成所作智，转嫉妒烦恼，比喻一切成就
红	火	西	火	想	火焰	鹏鸟	西方极乐世界刹土中的莲花部诸菩萨之身色	西方阿弥陀佛，代表妙观察智，转贪欲烦恼，比喻平和安适
黄	土	南	地	受	大地	狮	南方祥瑞刹土中的珍宝部诸菩萨之身色	南方宝生佛，代表平等性智，转我慢烦恼，比喻增益行愿
白	金	东	风	识	白云	虎	东方乐园刹土中的金刚部诸菩萨之身色	东方阿閦佛（不动如来），代表大圆镜智，转嗔心烦恼，比喻法性不变

格鲁派寺院大殿外墙彩作　　　　　　　　　萨迦派寺院外墙三色带

宁玛派坛城殿　　　　　　　　　　　　　　僧舍外墙彩作

图5-3　宗教建筑彩作

上再施彩绘，椽子多为蓝色，椽上短木条多用淡绿色，柱头弓木彩绘多用蓝、
红、绿三色，梁和门窗框多为两到三层框料，饰以彩色"堆经"和莲瓣，门扇多
涂饰红色或黑色；外墙一般以红、白二色作为基本色调，但萨迦派寺院大殿以及
僧舍外墙、宁玛派坛城殿乃至个别格鲁派寺院大殿外墙还有彩作习俗（图5–3）。

5.2
— ❖ —
典型寺院建筑专用装饰题材

　　相对于普适性装饰题材而言，专用装饰题材仅限于宗教建筑和空间使用，按
照装饰部位不同，选取其中最为典型、应用最广的装饰题材为例进行解析。

5.2.1 外墙装饰专用色彩

1. 源于苯教的红色

苯教早期有"红祭或血祭"习俗。以红色代表厉神，修建供奉厉神的"神垒"外涂红色，再插上旌旗、经幡和箭，供人们祭祀。据曲吉建才先生对藏文史料的考证，苯教杀生祭祀藏语称为"赞"的山妖、厉鬼时，用血泼在象征它们的称为"赞卡尔"的石墩上，使之变红。在《藏汉大辞典》（张怡荪，1993）中描述其为：石砌、方形、红色，为安置凶神厉鬼的小屋。因而在藏族的文化概念里，红总是与赞联系在一起。

近代藏族学者根敦群培先生在《白史》（根敦群培，2006）中对吐蕃时期使用红色的情况也有所描述：

> "民众效仿赤尊（尼婆罗公主）在红山修筑红宫时，顶部用箭矛装饰之法，将赞神府修筑成（顶部）饰有箭矛的红色碉楼与山顶祭祀场所……赞（神）和赞普的服装、宫堡、头巾及战旗都是一片红色。"

随着印度莲花生大师把苯教的一些传统做法吸收到佛教密宗里，才把古时简易的山间"赞卡尔"逐步发展为护法神殿，并用含赤铁矿的天然红土取代牲畜鲜血将其外墙涂成红色，并沿袭在藏区各地寺院密宗护法神殿外墙的装饰做法中。寺院大殿室内墙柱也多采用涂刷成红色的做法来避邪与祈祷吉运升腾。

藏传佛教也视红色为贵，象征权力和尊严，只有寺院大殿和宗堡檐口边玛草女儿墙、活佛纳章和僧舍以及民居经堂外墙才可涂刷红色，应是源于远古时期祭奠神灵的宗教习俗。

随着近年来宗教的世俗化，各地采用棚空的民居，多将井干式外墙涂成红色，一方面，在客观上对木材有防腐作用，另一方面，采用棚空的空间多为家中经堂和家神所在的锅庄房，具有宗教性质，多涂成红色以避邪。仅有四川省甘孜州巴塘县县城民居外墙涂红，据当地喇嘛介绍，系该地不产白土所致（图5-4）。

大殿红色内柱　　　　　　　　　　　　　　大殿外墙涂红色

护法神殿外墙涂刷红色　　　　　　　　　　活佛住宅外墙涂刷红色

棚空外墙涂刷红色　　　　　　　　　　　巴塘县县城民居碉房外墙涂红色

图5-4　红色的应用

2．昭示等级与地位的黄色

藏传佛教崇拜黄色，以之代表大地，寓意着与山川同在的永恒，是极其崇高而神圣的色相，常用于寺院大殿外墙、屋顶以及活佛住宅外墙等重要宗教空间装饰上，象征高贵、华丽（图5-5）。

寺院大殿金顶　　　　　　　　活佛住宅黄色屋顶与外墙

图5-5　黄色的应用

3．萨迦派寺院外墙涂饰三色带

藏传佛教萨迦派有在寺院大殿与僧舍外墙涂刷白、红、黑三色竖条纹的传统，以白色、红色、黑色分别象征对观世音、文殊与金刚手三位佛的供奉，是与其他教派相区别的独特标志（图5-6）。

图5-6　萨迦派寺院外墙三色饰带

5.2.2　门廊装饰画——六道轮回图

藏语称为"斯巴霍"。图中最上方有文殊、观音、金刚手三尊，代表智慧、救度苦难与护佑平安。下方以圆形布局来象征旋转不停的轮回世界。其中央小圆中以鸽、蛇、猪分别代表贪、嗔、痴三毒。佛教认为，这是世间原始、根本的烦恼和造成有情众生痛苦的根源，并由此产生惑、业、苦之果。作为一切身心活动的"业"一般分为身、口、意三种，其善恶必将得到相应的回报，是构成轮回思想的理论基础。第二层以黑、白二色，象征天、人、阿修罗"三善趣"和畜生、饿鬼、地狱"三恶趣"。第三层为佛教认识外器世间和有情世间的认识论——十二因缘，或称十二有支。分别绘以盲人、瓦匠、猴、船、空房、接吻、眼中箭、饮酒、采果、孕妇临产、老人和死尸，象征着无明、行、识、名色、六处、触、受、爱、取、有、生、老死十二因缘，它们之间都因"缘起"而存在着特定的转换、衍生关系，同时，这些事物相互作用产生结果还需土、木、水、火、风和意识六种因素的参与，是"六道轮回"思想因果关系的集中体现。该图向人们展示了看得见的人间和看不见的天界，其目的是表达佛教的苦空观与因果轮回思想，规劝众生认清生命存在的价值，潜心修行，以脱离轮回之苦（图5-7）。类似的还有和睦四瑞图等具有教化作用的图画（图5-8）。

图5-7　六道轮回图

图5-8　和睦四瑞图

5.2.3　檐部装饰

1．檐口饰带——董称

藏区各地宗教建筑均有在檐口四周和门窗楣椽头上涂刷白色的装饰做法，极具标志性，藏语称之为"董称（dung-phreng）"，汉语直译为"螺串珠"，螺为白色物，意为白色的串珠，寓意与藏族妇女佩戴的串珠和信徒用的佛珠相似，均有吉祥之意，属于白色崇拜的表现形式之一。按椽条所在部位不同，有檐口、门窗楣与腰檐等三种应用形式；因椽头布置方式不同，在层数上有单层、双层以及三层之分；因椽头排列方向不同，有单向布置与双向布置之分。具体形式主要取决于建筑性质与地位、用材量供给条件以及工匠技术水平。源于对"董称"装饰做法的审美认同，无论寺院建筑檐口采用挑檐还是女儿墙形式，均习用"董称"装饰做法。即使是石砌女儿墙，也多采用模仿"董称"的纯装饰做法。

据当地老人介绍，过去民居檐口多为素作，而不能使用"董称"，以体现宗教与世俗的差异。随着近年来宗教的世俗化，作为一种象征吉祥的装饰符号，凡檐口采用出挑做法的民居大都利用构造之便采用"董称"装饰做法，既获装饰之效，又有保护椽头之功（图5-9）。

2．檐墙饰带——边玛草

檐部墙体多采用墙体与边玛草混合做法，边玛草是高原上的一种野生灌木，又称红柳。外墙顶部女儿墙向内退收，外侧空出位置用来安放扎成小束的边玛草，束间用垂直木棍贯穿固定成一整体，外侧面刷染绛红色涂料，墙顶上加设挑檐压顶，墙面上嵌入木块作为基座，可安插吉祥八宝、十相自在、六字真言等铜饰。既美观，又能降低墙体重心。是寺院、宗堡与庄园等高等级建筑常用的标志性装饰做法，区分社会等级地位（图5-10）。

大殿石砌女儿墙仿董称

大殿檐口、腰檐与门窗楣董称

大殿单向董称

大殿双向董称

大殿单层董称

大殿多层董称

民居檐口与门窗楣董称

民居檐口与门窗楣素作

图5-9 董称及其应用

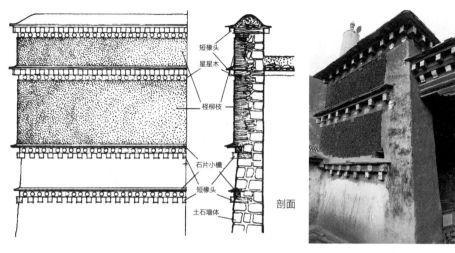

图5-10　边玛檐墙

3．檐墙饰品——六字真言

　　"六字真言"是藏传佛教最尊崇的咒语之一，包含"嗡、嘛、呢、叭、咪、吽"六个藏语译音，亦称六字大明咒，此咒含有诸佛无尽的加持与慈悲，是诸佛慈悲和智慧的音声显现，六字大明咒是"嗡啊吽"三字的扩展，内涵丰富，奥妙无穷，蕴藏了宇宙中的大能力、大智慧、大慈悲。此咒即观世音菩萨的微妙本心，不仅被视为藏传佛教经典的根基和徽章，还被视为密宗秘密莲花部的根本真言。可雕成嘛呢石或印于经幡上，安设在广阔的山川林草之间，也可装入转经轮或法器中，还可做成银饰或绘画图案装饰于寺院建筑外墙、檐部、顶棚、门框等部位上，以营造宗教氛围（图5-11）。苯教寺院也有祖师敦巴辛绕创造的"八字真言"，包含"嗡、嘛、智、牟、耶、萨、列、德"八个藏语译音，作用和装饰做法均与藏传佛教类似。

图5-11　寺院大殿墙顶六字真言铜饰

5.2.4　室内装饰

1．柱饰——金刚杵（rDo-rje）

金刚杵梵文为"vajra"，"金刚"意为金中最刚之意，有牢固、锐利、能摧毁一切等喻义，是金刚乘坚不可摧之道的典型象征。原为古印度的兵器，后被佛教密宗吸收作为一种法器，代表佛智，有不性、真如、空性、智慧等含义，可以断除各种烦恼和摧毁各色恶魔。也象征着绝对现实难以琢磨、不会毁灭、不可撼动、不可改变、无形和坚固的状态，即佛性的圆满。在宗教空间中，柱身涂刷成红色，柱头和弓木装饰多整合为一体，象征金刚杵，雕刻或彩绘莲花、卷草、云纹、火焰及宝轮等纹样，属于护佑型装饰（图5-12）。

2．殿内挂饰——胜利幢

藏语称为坚参，为藏族吉祥八宝之一，圆柱状，原为古印度时的一种军旗。

图5-12　金刚杵形柱饰

图5-13　寺院大殿胜利幢挂饰

藏传佛教用其比喻十一种对治烦恼的力量，即戒、定、慧、解脱、大悲、空无相无愿、方便、无我、悟缘起、离偏见、受佛之加持得自心自情清净，表示佛法战胜一切邪恶。金属制作的胜利幢常安置于寺院大殿屋顶四角，象征着佛陀战胜四魔（烦恼魔、五燃蕴魔、天子魔、死魔）的胜利。悬挂于大殿内的胜利幢多采用丝绸绫罗层叠而成，因为佛有身如宝幢之妙相，所以宝幢也象征着佛身相圆满和佛的三身，属于护佑型装饰（图5-13）。

3. 殿内饰物——曼荼罗

曼荼罗又称曼达、坛城、法坛，是诸佛设坛修行成佛的地方，也可解释为佛教理想中的极乐世界。在苯教和藏传佛教密宗中，也是修行观想的对象，可通过它达到精神世界和神灵的沟通，从而达到彻悟。据《藏族吉祥文化》（凌立，2004）考证，"曼荼罗"原初本是密宗法师做法事的坛位，习密者修法时为了防止魔众侵入，在修法场地筑起圆形或方形的土台。后来又引申为神佛位序，以至作为佛教宇宙构成图式。"曼荼罗"也是一种修习的境界，可绘于墙壁、顶棚上，也可做成立体曼荼罗模型，作为供品摆设，让僧人从中发现佛界宇宙的含义（图5-14）。

5.2.5　门窗梁饰带——堆经

堆经藏语称"白玛曲杂"，是在木材上雕刻的三角形凹凸饰带，上下图案不

立体曼荼罗

平面曼荼罗

图5-14　各种形式的曼荼罗

图5-15　门框堆经

能随意调换。常用作门窗框和梁枋的装饰饰带，象征经书，并多与象征佛身的莲花瓣同时使用（图5-15）。

5.3
— ✣ —
典型地域性民居装饰题材

康巴藏区部分地区的民居装饰带有浓郁的地域特色，多源于特定地域自然环境内保留下来的早期土著文化习俗遗痕，其中最具代表性的地域性装饰题材有檐口三色饰带、屋顶四角置白石和茶盘底形女儿墙等三种。

5.3.1　檐口三色饰带

民居彩作习俗在康巴藏区极为少见，即使德格县萨迦派更庆寺旁的民居聚落也没有采用如西藏萨迦地区那样的三色饰带墙面装饰做法。唯有四川省甘孜州丹巴县境内各地有普遍于碉房民居墙檐上涂刷红、蓝、白三色横向饰带的做法（图5-16），应与当地苯教文化保存较好有密切关系。在苯教文化中，宇宙"三界"可分别用不同的色彩来象征，如白色标示"天界"，性为阳；红色标示位于中空的"赞界"，性为阴和中性；蓝色标示位于地表和地下的"鲁界"，性为阴。丹巴碉房民居檐部的三色饰带做法，就是通过将苯教"三界"宇宙结构的色彩表现投射于建筑之上，来表达天人合一、趋吉避邪的愿望。

5.3.2　屋顶四角置白石

藏族崇尚白石，视之为灵性之物，是天神的象征，嘛呢堆的神力就主要源于白石，被视为藏族的吉祥物和保护神。白石也是美好、圣洁、光明、吉祥与善的象征，置于山顶、屋顶、墙面、门窗上，有镇魔驱邪、禳灾去祸、保佑人畜平安的功能，能带给人们健康和家运昌盛。农田中安放的白石则被奉为保佑庄稼丰收、免受灾害的农业之神。藏族的白石崇拜融合了祖先崇拜、灵物崇拜、苯教教理、佛教经义等内容，是美好的化身和善的象征，享有其他自然物

图5-16　丹巴地区民居顶部的三色饰带

不可企及的地位。

　　白石崇拜习俗主要集中分布于康巴藏区东部的嘉绒藏区和木雅藏区各地，仅在四川省甘孜州德格县麦宿区与乡城县美新镇等地有零星分布，在这里，白石被视为天神和土地神的象征，多于屋顶四角突起、松科炉顶以及门头上置白石，象征对自然界诸神的崇奉。

　　岷江流域的羌族分布地区也有白石崇拜习俗，不仅以白石象征火与太阳，还以白石作为神灵、祖先等诸神的象征。白石因供奉地点不同，代表不同神灵。如屋顶四角所置白石代表天神，火塘旁所置白石代表火神，山头所置白石代表天神，田地里的白石代表青苗土地神（图5-17）。

屋顶置白石分布区示意图

羌寨民居屋顶置白石

嘉绒藏区民居屋顶置白石

木雅藏区民居屋顶置白石

图5-17　康巴藏区屋顶置白石分布区示意图及各地实例（一）

乡城县县城民居屋顶置白石　　　　　德格县达玛乡民居屋顶置白石
图5-17　康巴藏区屋顶置白石分布区示意图及各地实例（二）

5.3.3　茶盘底形女儿墙

　　在康巴藏区东部的嘉绒藏区，民居檐口有一种独特的墙作方式，将石碉房的女儿墙顶部和上下两层屋顶间墙体边缘加厚的做法，沿屋顶形成一圈连续的高约40cm、向外突出约5cm的带状饰带，并与敬奉四方神灵的角翘相整合，做成形似盛放供品的茶盘底部侧面剪影的造型。每当人们在屋顶煨桑敬神

图5-18　嘉绒藏区民居茶盘底形女儿墙

时，香烟缭绕，远远望去，整个碉房顶部酷似一盏插放了燃香的托盘，从而将屋顶造型、空间文化内涵以及屋顶煨桑活动三者完美而贴切地整合在了一起，体现了宗教文化对碉房构造技术的影响。当地俗称此造型做法为"茶盘底形女儿墙"，这也是当地民居碉房区别于紧邻的羌族民居形态的最显著标志之一（图5-18）。

5.4
— ❖ —
典型普适性装饰题材

普适性装饰题材是指宗教和世俗建筑均可使用的装饰题材，可归纳为涂饰、挂饰、仪设和图案符号等四种类型，本节选取其中最为典型、应用最广的装饰题材进行解析。

5.4.1　涂饰类装饰题材

1.墙面刷白涂饰

受生存环境与饮食习惯的影响，藏族不仅衣着、哈达均采用白色，并且云彩、雪山、冰峰、牛奶、羊毛、面粉等与美好生活息息相关的事物也均是白色，这是形成藏民族白色崇拜的自然和人文基础。

白色在宗教观念中代表宇宙、天极，是日月星辰、天地山川诸神的标识色。苯教视白色为天神，以白色象征正义、善良、高尚、纯洁、祥和、喜庆和繁荣昌盛。据法国藏学家石泰安先生研究，白色神灵在诸神中也是法力最强、地位最高的神灵。在藏文化中，白色始终具有扶正祛邪的作用，成为藏族人民最为喜爱和普遍使用的装饰色彩，每到藏历新年，都有用白垩土泥浆涂刷民居外墙的习俗。据说每涂一次，等于念诵三遍大部头吉祥经文，有镇邪驱魔、保护房屋安全之效。藏历十二月二十九还要在灶房正中墙上用石灰或糌粑画万字符，祈愿吉祥，或在梁上画白点，祈愿人丁兴旺、粮食丰收。藏传佛教在吸收古印度尚白习俗的基础上，延续了藏族的白色崇拜，以白色象征圣洁、光明，寺院建筑外墙涂刷白色，有佛法弘传和正义之神永世长存的寓意。

但民居外墙刷白做法存在地域性差异，有全部刷白、局部刷白与纯素作三种做法，仅在门窗饰带或者檐口点缀少量黑色或者红色饰带（图5-19）。

民居外墙全部刷白做法应用区示意图与实例

民居外墙局部刷白做法应用区示意图　　　　　　嘉绒藏区民居外墙局部刷白

甘孜县民居外墙局部刷白　　　　　　　　　安多地区民居外墙局部刷白

民居外墙刷白与素作并存分布区示意图与实例

图5-19　康巴藏区民居外墙不同刷白做法应用区示意图与实例

1）全部刷白

将碉房外墙全部刷白的做法在康巴藏区各地都能见到，但主要集中在康巴藏区南部，包括昌都地区芒康县，甘孜州乡城县、得荣县以及迪庆州等地，当地将白色碉房群喻为天上的星群，应与明代云南纳西族占领过上述地区相关。

2）局部刷白

局部刷白可能与当地缺乏白色原料有关，可包含以下涂刷部位：一是在碉房檐口涂刷白色饰带，应用最为普遍，与屋顶层作敬神之用有关，取吉祥之意；二是在碉房墙角涂绘形似牛羊头的白色花纹，主要集中在四川省甘孜州雅江县八角楼乡、康定县新都桥镇和塔公乡、道孚县以及新龙县大盖乡和博美乡等地，对墙角与家宅有吉祥、护佑之意；三是在墙身均匀涂刷白色饰带，虽仅见于四川省甘孜州甘孜县民居外墙，但在北部安多藏区却较为多见，似为高原牧区碉房外墙刷白的共同做法；四是在墙脚涂刷白色饰带，由于高山峡谷地貌区中多发滑坡、泥石流等自然灾害，极易造成碉房地基损毁，民间认为是居于地下的龙神在作怪，故普遍采用此做法以镇之，嘉绒藏区碉房民居墙脚甚至直接涂刷成有镇邪意义的三角形。

3）纯素作

康巴藏区民居大多采用素作，突出材料本色，尤其在缺少充足白色原料的康巴藏区北部高原地貌区较为多见，故而多为素作与刷白并存应用地区。

2. 牛角图案装饰

包括藏族在内的许多民族传统文化中都认为，门窗洞口是鬼怪进出房屋的主要通道，需要严加防范，因而，有在门窗框上悬挂刀剑、牛羊角以及贴符咒等避邪做法。藏族人很早就有牦牛崇拜习俗，衣食住行均离不开牦牛，视牦牛为保护神。在苯教传说中，许多山神最初的形象都是牦牛，在藏传佛教中，也将牦牛作为重要的守护神，起避邪与护佑功能，故而逐渐形成在门窗洞口涂刷牛角形黑、白饰带，以及在外墙面上用白石镶嵌或用白垩土绘制牦牛图案的做法（图5-20）。

具象牛头图案应用区示意图与实例

黑色牛角形门窗洞口饰带应用区示意图与实例

白色牛角形门窗洞口饰带应用区示意图及实例

无门窗洞口饰带应用区示意图及实例

图5-20　康巴藏区不同牛角形门窗洞口饰带应用区示意图及实例

1）镶嵌具象牛头图案

现状调查中，仅于四川省甘孜州道孚县南部与雅江县北部的扎巴地区碉房民居上，见到有于墙上用白石镶嵌牛头图案的做法，据当地人介绍，有避邪作用。这些地区的族源可追溯到《后汉书·西羌传》，其中有载：

> （羌人）"畏秦之威，将其种人附落而南，出赐支河曲西数千里，与众羌绝远，不复交通，其后子孙分别各自为种，任随所之，或为牦牛种，越巂羌是也；或为白马种，广汉羌是也；或为参狼种，武都羌是也。"

《藏族早期历史与文化》（格勒，2006）一书考证，牦牛夷亦称牦牛羌、牦牛种羌，其活动范围就在今四川省甘孜州泸定、康定、雅江、炉霍、道孚、新龙等更为广大的范围上。秦汉之际，今甘孜州东部还有牦牛羌、牦牛道、牦牛县，这些部落均以牦牛为氏族图腾标志。故而，这些地区的装饰习俗中，牦牛头的图案占有很大比重，为古牦牛羌的牦牛崇拜习俗的遗痕。

2）涂绘抽象牛角形门窗洞口饰带

（1）黑色牛角形门窗洞口饰带

牦牛多为黑色，虽然在藏族文化中，与白色相对立，黑色被认为是恶魔的形象，象征邪祟、罪恶、灾祸。但原始苯教有尚黑习俗，苯教徒在祭祀活动中一律身披黑衣、手持黑色牛尾、戴黑色法帽，以避邪降怪，将邪魔外道阻止于门窗之外，故黑色也有威猛之意，具有护卫等正向作用，故而通常将门窗洞口饰带涂刷成黑色。

现状中，这一做法主要应用于西藏昌都地区西部各县，并延伸到四川省甘孜州南部得荣与乡城两县的部分地区。卫藏地区有浓厚的牦牛崇拜习俗，故而与其一脉相承的康巴藏区各教派寺院建筑的门窗洞口也多采用黑色饰带的做法。另外，大渡河流域的嘉绒藏区因留存有吐蕃军队后裔，虽时隔久远，但仍在四川省甘孜州丹巴县等局部地区留存有在门窗洞口涂刷黑色牛角形饰带的做法。

（2）白色牛角形门窗洞口饰带

虽然康巴藏区被吐蕃军事占领后，逐渐融入藏民族，在习俗上理应传承黑色牛角形门窗洞口饰带的习俗做法，但由于远在青藏高原东部横断山区的嘉绒藏区与木雅藏区历来都有尚白习俗，加之白牦牛在藏族文化中享有更为崇高的地位，故而在上述地区也流行用白色取代黑色做门窗洞口饰带的做法。

（3）无窗洞饰带

调查发现，在金沙江沿线的西藏昌都地区东部、四川省甘孜州西部以及云南省迪庆州等地的大部分地区，民居均很少甚至没有黑色牛角形窗套饰带的做法，而与之相连的康巴藏区北部高原上的安多藏区亦是如此。

结合这一地区的史料与民俗文化初步推断，可能与明末蒙古和硕特部首领固始汗自青海挥师南下这些地区有关。由于蒙古族有尚白忌黑的习俗，故而极有可能在其占领区实行禁黑，而仅推行藏族与蒙古族都有的白色装饰做法，天长日久便逐渐成为这些地区约定俗成的习俗做法，否则无法解释在地理位置更为偏远的康巴藏区东部与南部地区都有黑色饰带做法，而唯独在交通更为便利的中部高原地貌区中没有应用的现象。

5.4.2 挂饰类装饰题材

1. 哈达（kha-btags）

在藏族人民日常生活中，凡在礼敬神佛、拜见尊长、婚丧嫁娶、迎来送往等活动中，均有敬献哈达的习俗，象征友谊、和谐、善良和安康。有蓝、白、红、绿、黄五种颜色，以白色居多，上绣各种花卉图案和字符，是宗教礼仪中最为纯洁、虔诚的供品，多悬挂或绑扎于梁柱与门窗上，祈求吉祥平安。

2. 青稞

青稞根深，具有抗寒、耐旱、营养丰富等优点，海拔4500m以下的地区均可生长，是高原上的主要农作物，青稞炒熟后经研磨制成的糌粑，与酥油、茶一起被称为藏族食物的三宝，与人们的生存息息相关，常作为每逢婚丧嫁娶、生老病死、年节庆典中敬献神佛的供品。一般将青稞绑扎在内柱上作为敬献给灶神的礼物，祈求它保佑粮食丰收、全家平安，该做法多见于木框架承重式碉房分布区。

3. 经幡

藏语称"经幡"为"隆达（rung–rta）"，"隆"是风的意思，"达"是马的意思，即"风是传播运送经文的一种无形的马，马即风"。许多地区有在屋顶设置固定的垛龛来安插"经幡"，或在檐下悬挂"经幡"的做法。藏族学者南卡诺布先生认为"经幡"最早源于苯教，其上的"狮、龙、鹏、虎、马"五种动物相生关联，包罗万象，象征着生命运行长久不衰，具有昌运福禄的吉祥寓意。并对应着"东、北、西、南、中"五个方向、"土、水、火、木、铁"五行、"黄、蓝、红、绿、白"五种色彩以及组成世间万物生命本原的"地、水、火、风、空"五大元素，故而被藏区人民广泛应用。其主幡颜色取决于家中主人的藏历生辰年号[①]，向上飘扬的风马旗寓意着气蕴向上生长以及财产、健康蒸蒸日上。

经幡的设置位置有三种（图5–21），一是设于垭口、道路交叉口、桥梁等具有危险或需要辨识方向等处的经幡，有护佑和标识之用；二是悬挂在屋顶、檐口和门窗楣上的经幡，象征福运升腾，且每年都要更新；三是于门前竖立一根高大的木杆，上挂经幡，有昌运福禄等寓意。该做法最早起源于8世纪前藏族于帐外竖立木制剑矛的习俗，到吐蕃时期，赞普赐给立有战功的"荣誉甲门"以立杆挂旗的资格，是为经幡的最初形式，到元初八思巴统领藏区时，正式将竖立"经幡"作为纯粹的宗教行为。

[①] 如果长者的生辰年号是铁年，主幡颜色为白，依此类推，木年是绿色，水年是蓝色，火年是红色，土年是黄色。主幡由一种与其本身颜色不同的布条来镶边，镶边布条与主幡的颜色搭配必须根据相生相克中的损益原则。比如：如果主幡是绿色，镶边布条的颜色应该是蓝色，因为木水相生；倘若主幡是黄色，则镶边布的颜色应该是红色，因为土火相生。

挂在桥上的经幡

窗口悬挂经幡

檐口悬挂经幡

屋顶张拉经幡

门前竖立经幡

图5-21　经幡的应用

5.4.3　仪设类装饰题材

1. 松科炉

藏区有每日清晨在屋顶晒台"煨桑"敬神祈愿的习俗,源于原始时期部落男子狩猎归来时用煨桑的烟火除去身上血腥味的做法,后来逐渐发展为在人们生老病死、婚丧嫁娶、外出和发生战争时，都要用煨桑来祈求神灵给予护佑。一般用松柏枝、糌粑、青稞与糖果等物作为燃料，以燃烧的香气作为敬奉天地诸神的贡品，用桑烟将天、地、人连接在一起，将人们的美好愿望告知天地诸神（图5-22）。各地做法有所不同。根据檐口做法不同，有固定与移动两种形式。

图5-22　松科炉

1）固定式松科炉

当檐口采用女儿墙形式时，常采用砌筑的"固定式"松科炉。具体安设位置的选定原则，一是煨桑时祈愿者能面向神山，另一是其下部有承重墙，以便将松科炉的重量直接传递到地基上。一般安放在屋顶晒台周围的外墙顶上，便于满足上述两条布设原则。在木雅藏区与嘉绒藏区，有将松科炉设于屋顶背墙位置的女儿墙上，与供奉祖先或山神的神龛并列的做法；最为独特的是嘉绒藏区的金川县撒瓦脚与太阳河两乡，当地民居碉房敞口屋上多加设双坡屋顶，于平面中心起石砌中柱，与外墙共同支撑屋脊，柱中空，向上有收分，柱顶高于屋脊处安放炉瓶以排烟，属于以柱代炉做法（图5-23）。

2）移动式松科炉

当屋顶晒台檐口采用挑檐做法时，无法解决松科炉与下部墙体的构造连接和自身的结构稳定，在高原强风的作用下极易倾倒，因而多采用小巧灵活、便于移动的金属香炉来代替"固定式"松科炉，故形象地将之称为"移动式松科炉"（图5-24）。

2．转经筒

转经筒也是一种常用的宗教仪设，小的可手握，大的可供十来号人一起转动，多安设在寺院的屋檐、廊下、殿角等处，每转一圈相当于诵读内部所藏经文一遍，客观上也有与磕长头、转经一样的健身功效。用手摇动和用烛火热力来推

敞口屋平面形式与晒坝层固定式松科炉布置示意图与实例

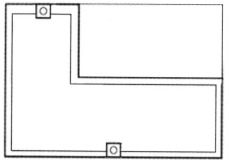

敞口屋平面形式与屋顶固定式松科炉布置示意图与实例

中柱式松科炉

图5-23　各类固定式松科炉

动的转经筒最为常见，用水力推动的转经筒多见于水力资源丰富的高山峡谷地貌区，用风力推动的转经筒多见于多风的高原宽谷地貌区碉房屋顶（图5-25）。

图5-24　移动式松科炉

大殿外大转经筒

民居屋顶风力转经筒

图5-25 各种转经筒形式

5.4.4 图案符号类装饰题材

1. 万字符

万字符藏语称为"雍仲",是藏语音译,在象雄语中是太阳或火的象征,源于太阳在四方和四季的运行,在西藏自治区阿里地区日土县的岩画中就有"雍仲"演变序列图,是太阳崇拜的表现形式。具有坚不可摧、永恒不变、辟邪趋吉和吉祥如意等寓意(图5-26)。被雍仲本教作为教徽,具有禳解灾害、逢凶化吉的巫术功能(图5-27)。并在苯佛融合过程中,雍仲永恒不变地在本质上与佛教金刚乘的寓意相符,象征着四大之一"地"及其不可摧毁的稳定性,被藏传佛教吸收成为一种标志性护符。二者虽然均被视为象征永恒的吉祥符号,但在写法和内涵上有本质不同,转经方向也刚好相反,藏传佛教为顺时针旋转的万字符,

图5-26 西藏自治区阿里地区日土县日土岩画中有"雍仲"演变序列图

并以此作为区别苯教与藏传佛教各派寺院与民众信仰最为明显的标志，被广泛应用于藏区各地的寺院、民居中。逢年过节常用白石灰于门外画上"雍仲"图案，以示吉祥如意；建新房时，画在房基地上，意为坚固耐用，画在房门上能抵挡邪恶、驱除病魔；还可用作院落铺地、民居门窗及家什扇面以及寺院建筑门窗格扇、檐口椽头等的装饰纹样（图5-28）。

图5-27 苯教雍仲符号

2.朗久旺丹

"朗久旺丹（rnam-bcu-dbang-ldan）"为藏语译音，意为"十相自在"，包含寿命自在、心自在、愿自在、业自在、受生自在、资具自在、解自在、神力自在、法自在、智自在等十个自在。该图形由七个梵文字母和三个图形联合组成，象征须弥山和人的金刚体的各部位，是藏传佛教时轮宗的精髓和标识图案，标志着密乘本尊及其曼荼罗和合一体，表达了无上密乘里时轮乘的最高教义，被认为具有极大的神圣意义和神秘力量。在藏区应用非常普遍，藏传佛教将其视为集三界器世间一切精华于一体的象征物。当置于屋顶、檐墙和大门时，能镇妖与调整风水；当置于室内时，能避邪消灾、逢凶化吉、平安吉祥（图5-29）。

墙面涂绘雍仲符号

屋顶涂绘雍仲符号

苯教寺院地面涂绘雍仲符号

官寨栏板拼雍仲符号

图5-28 万字符的应用

民居墙顶十相自在墙龛　　　　　　　民居大门十相自在图贴

图5-29 朗久旺丹图应用

3. 摩羯

"摩羯（Chu-srin）"源于古印度神话中的海龙或水怪，通常被认为是鳄鱼。传入藏区后，标准形象演变为狮前爪、马鬃、鱼鳃、卷须以及鹿角或龙角。既是力量和韧性的象征，又是水的象征。在康巴藏区中主要应用于雨水较为丰富的高山峡谷地貌区，既可安设于寺院大殿坡屋顶四角，又可安设于大殿外墙四角檐部位置，以护佑建筑安全。

在大渡河流域的嘉绒藏区，土司官寨多于外墙四角檐部以及大门门楣上安设摩羯，当地称之为"吃牲"。在阿坝州马尔康县卓克基镇与甘孜州丹巴县等少数地区的民居大门门楣上也安设有此物，左右各一，头朝外，用以镇魔避邪（图5-30）。

4. 扎西达吉

"扎西达吉（bkra-shis-rtags-brgyad）"是藏语译音，意为八吉祥标志或吉祥八宝图，是藏族传统的吉祥图案，与佛陀或佛法息息相关，象征吉祥、好运、圆满、幸福。包含吉祥结（盘长）、妙莲（莲花）、宝伞、右旋法螺（法螺）、胜利幢（华盖）、金

寺院大殿金顶魔羯　　　　　　　　　　　　寺院大殿墙角魔羯

寺院大殿墙角吃牲　　　官寨墙角吃牲　　　官寨入口大门吃牲　　　民居大门吃牲

图5-30　魔羯的应用

轮（法轮）、宝瓶（宝罐）、金鱼（双鱼）等八种图案，简称"轮螺伞盖，花罐鱼长"。其中，"吉祥结"藏语谓之"贝牌乌"，梵音译作"室利扎"。原是牧民挂在腰间的一种饰品，有祥和、团结、和睦的寓意，在宗教上标志着法界体性智、大圆镜智、平等性智、妙观察智、成所作智等五智的圆满。"妙莲"藏语称为"白玛"，即"莲花"，象征修成正果。"宝伞"亦称华盖，藏语叫"督"，即伞之意。在古印度是权力与富裕的标志，佛教用它作为活佛、上师、大喇嘛的专用工具，有消除众生贪、嗔、痴、慢、疑五毒的作用。"右旋海螺"藏语称为"东嘎叶起"，曾是古代战场上的军号，当佛教传入西藏后，作法螺，象征宣传教义和吉祥圆满。"金幢"亦称胜利幢、宝幢、幢，藏语谓之"杰参"，梵文称作"驮缚若"和"计都"。据《西藏密教法》记载，它原是古印度军队的一种军旗，佛教中象征佛陀之身以及解脱烦恼，觉悟正果以及佛法坚固不衰。"金轮"又称法轮，藏语谓之"柯鲁"，象征着佛法像轮子一样旋转不止，永不停息，也象征佛法能摧破众生烦恼邪恶。"宝瓶"藏语谓之"奔巴"，象征吉祥、清净和财运，也象征俱宝无漏、福智圆满、永生不死。"金鱼"藏语称为"斯娘"。象征解脱的境地，又象征着复苏与永生。这八个图案可以单独成形，也可以省去宝瓶，用其余七种组成宝瓶以代之，这种整体图案在藏语中称为"达杰朋苏"，意为吉祥八图宝瓶状。为佛教寺院建筑装饰纹样，多用于墙面、门窗、屋顶、立柱等部位装饰，也被广泛用于民居、家具和器物装饰上，有雕刻、绘画、织物、器物等多种应用形式（图5-31）。

图5-31 扎西达吉的应用

结语

❖

　　碉房体系是藏区最具地域特色、应用最为广泛的建筑形式，是藏区传统建筑文化研究的主要对象。康巴藏区是藏族碉房的发源地，至今仍以类型最为丰富、形式最为多样而著称于整个藏区。以往的研究，受交通、语言、文献、行政区划等因素的限制，在研究内容上，侧重于共性为主，在研究范围或研究对象上，以局限于局部区域或某一建筑类型为主，而缺少较为完整的认知。同时，各类型在时间、空间关系上的研究也极为缺乏。

　　本书借鉴文化人类学、文化地理学与史学的相关原理和成果，在田野调查与文献研究的基础上，结合自然条件、人文历史背景、技术合理性以及功能需要等多项因素，从建构模式、内涵成因与地域特色等方面，对康巴藏区碉房体系的聚落分布与构成特征、建筑形态、建造技术、装饰文化等四个主题进行了系统深入的研究。

　　首先，从地质地貌与气候条件、宗教文化、社会形态以及族源构成等方面，对康巴藏区碉房体系赖以生长的自然与人文历史条件进行了归纳，突显了其构成的地域特色以及与建筑文化的关联。

　　其次，分别从人口分布规律、聚落体系构成、核心聚落的选址和形态构成模式等方面，对康巴藏区聚落分布规律与构成特征进行了系统总结。

　　第三，分别对寺院、民居、高碉等三种康巴藏区主要碉房类型的基本形态构成模式及其地域衍型进行了详尽归纳，对碉房形态构成所具有的藏区共性与康巴地域特色进行了明确区分，并对基本模式的文化内涵与地域差异的形成原因进行了详细解析。

第四，分别从结构体系、构造技术与建造施工等三个方面，系统分析了康巴藏区碉房体系的营造技术。分别从自然、技术、功能需要等角度，对康巴藏区碉房结构体系的构成类型及其间的演进规律、地域分布以及总体特色进行了系统归纳与解析；从技术性与文化性视角，对康巴藏区碉房体系的构造技术与建造施工体系进行了较为全面的分析与评价。由于结构体系本身也是构成碉房地域特色的重要组成部分，因而，也是我们准确把握康巴藏区碉房民居形态地域特色与区分地域差异的重要依据；同时，对不同结构形式演进关系的分析，也不失为今后藏区碉房建筑文化保护中可资利用的一项评价因子。

第五，分别从基本装饰模式、典型装饰题材的做法、文化内涵、应用范围等几个方面，结合史学和民族学研究成果，对康巴藏区碉房体系的装饰文化进行了较为详尽的总结与分析，指出其既具有藏区装饰文化的共性特征，又因受到特定地域自然条件与文化多元化的影响，在应用形式与装饰题材上又表现出明显的地域性差异。

康巴藏区作为藏族碉房体系的发源地，既具有藏区建筑文化的共性，又因独特的自然环境、地理区位以及人文历史环境，通过生产方式、建筑取材、社会形态、宗教文化、交通条件以及族源构成等因素，在上述四个主题上均或多或少呈现多元化的地域特色，而与卫藏、安多藏区相区别。

本书对康巴藏区碉房体系基本构成、地域特色和成因的探究，从多个方面展示了康巴藏区作为藏区三大构成区域之一所独具的地域建筑风貌特色。不仅为保护与发展康巴藏区传统建筑文化提供了更为客观、翔实与系统的参照体系，也为藏族建筑史研究和三大藏区间碉房体系的比较研究奠定了基础。

插图索引

❖

表格索引

参考文献

❖

普通图书

[1] 阿坝藏羌自治州志编撰委员会. 阿坝州州志 [M]. 成都：民族出版社，1994.

[2] 黑水县地方志编撰委员会. 黑水县志 [M]. 北京：民族出版社，1993.

[3] 阿坝州文化局. 阿坝藏族羌族自治州文化艺术志 [M]. 成都：巴蜀书社，1992.

[4] 阿坝州宗教局. 阿坝州宗教通览 [M]. 阿坝：阿坝州宗教局，1999.

[5] 巴塘县地方志编撰委员会. 巴塘县志 [M]. 成都：四川民族出版社，1993.

[6] 拔塞囊. 拔协 [M]. 佟锦华，黄布凡，译. 成都：四川民族出版社，1990.

[7] 白玉县志编撰委员会. 白玉县志 [M]. 成都：四川大学出版社，1996.

[8] 索南查巴. 新红史 [M]. 黄颢，译. 拉萨：西藏人民出版社，1984.

[9] 贡嘎多吉. 红史 [M]. 陈庆英，周润年，译. 拉萨：西藏人民出版社，2002.

[10] 才让太，顿珠拉杰. 苯教史纲要 [M]. 北京：中国藏学出版社，2012.

[11] 陈家琏. 西藏志·卫藏通志 [M]. 拉萨：西藏人民出版社，1982.

[12] 陈庆英，高淑芬. 西藏通史 [M]. 郑州：中州古籍出版社，2003.

[13] 陈耀东. 中国藏族建筑 [M]. 北京：中国建筑工业出版社，2007.

[14] 陈颖，田凯，张先进，等. 四川古建筑 [M]. 北京：中国建筑工业出版社，2015.

[15] 赤烈曲扎. 西藏风土志 [M]. 拉萨：西藏人民出版社，1982.

[16] 班觉桑布. 汉藏史集：贤者喜乐瞻部洲明鉴 [M]. 陈庆英，译. 拉萨：西藏人民出版
社，1986.

[17] 达尔基，雀丹. 阿坝通览 [M]. 成都：四川辞书出版社，1993.

[18] 达尔基. 阿坝风情录 [M]. 成都：西南交通大学出版社，1991.

[19] 丹巴县志编撰委员会. 丹巴县志 [M]. 北京：民族出版社，1996.

[20] 丹珠昂奔. 藏族大辞典 [M]. 兰州：甘肃人民出版社，2003.

[21] 丹珠昂奔. 藏族神灵论 [M]. 北京：中国社会科学出版社，1990.

［22］丹珠昂奔. 藏族文化发展史（上、下）［M］. 兰州：甘肃人民出版社，2001.

［23］道孚县地方志编纂委员会. 道孚县志［M］. 成都：四川人民出版社，1997.

［24］稻城县地方志编撰委员会. 稻城县志［M］. 成都：四川人民出版社，1997.

［25］得荣县地方志编撰委员会. 得荣县志［M］. 成都：四川大学出版社，2000.

［26］德钦县志编撰委员会. 德钦县志［M］. 昆明：云南民族出版社，1997.

［27］迪庆州志编纂委员会. 迪庆藏族自治州州志［M］. 昆明：民族出版社，2003.

［28］顿珠拉杰. 西藏苯教简史［M］. 拉萨：西藏人民出版社，2007.

［29］嘎玛降村. 藏族万年大事记［M］. 北京：民族出版社，2005.

［30］甘孜县志编撰委员会. 甘孜县志［M］. 成都：四川科学技术出版社，1999.

［31］甘孜州志编撰委员会. 甘孜州州志［M］. 成都：四川人民出版社，1997.

［32］格勒. 甘孜藏族自治州史话［M］. 成都：四川民族出版社，1984.

［33］格勒. 藏族早期历史与文化［M］. 北京：商务印书馆，2006.

［34］根敦群培. 白史［M］. 北京：民族出版社，2006.

［35］黄明信. 西藏的天文历算［M］. 西宁：青海人民出版社，2002.

［36］何周德，索朗旺堆. 桑耶寺简志［M］. 拉萨：西藏人民出版社，1987.

［37］贾霄锋. 藏区土司制度研究［M］. 西宁：青海人民出版社，2010.

［38］降边嘉措. 走进格萨尔［M］. 成都：四川民族出版社，2003.

［39］金川县地方志编撰委员会. 金川县志［M］. 北京：民族出版社，1994.

［40］九龙县志编撰委员会. 九龙县志［M］. 成都：四川人民出版社，1997.

［41］康定县地方志编撰委员会. 康定县志［M］. 成都：四川辞书出版社，1995.

［42］LARSEN K, SINDING-LARSEN A. 拉萨历史城市地图集：传统西藏建筑与城市景观［M］. 李鸽，曲吉建才，译. 北京：中国建筑工业出版社，2005.

［43］迅鲁伯. 青史［M］. 郭和卿，译. 拉萨：西藏人民出版社，1985.

［44］李涛，李兴友. 嘉绒藏族研究资料丛编［M］. 成都：四川藏学研究所，1995.

［45］李先逵. 四川民居［M］. 北京：中国建筑工业出版社，2009.

［46］理塘县志编撰委员会. 理塘县志［M］. 成都：四川人民出版社，1996.

［47］理县志编撰委员会. 理县县志［M］. 成都：四川民族出版社，1997.

［48］林俊华. 康巴历史与文化［M］. 成都：天地出版社，2002.

［49］凌立. 藏族吉祥文化［M］. 成都：四川民族出版社，2004.

［50］刘立千. 格萨尔王传·天界篇［M］. 北京：民族出版社，2000.

［51］刘立千. 藏传佛教各派教义及密宗漫谈［M］. 北京：民族出版社，2000.

［52］刘勇，冯敏，奔嘉，等. 鲜水河畔的道孚藏族多元文化［M］. 成都：四川出版集团，四川民族出版社，2003.

［53］炉霍县地方志编撰委员会. 炉霍县志［M］. 成都：四川人民出版社，2000.

［54］罗莉. 藏族经济［M］. 成都：巴蜀书社，2003.

［55］马长寿. 氐与羌［M］. 上海：上海人民出版社，1984.

［56］马尔康县地方志编撰委员会. 马尔康县志［M］. 成都：四川人民出版社，1995.

[57] 木里藏族自治县概况编写组. 木里藏族自治县概况 [M]. 拉萨: 西藏古籍出版社, 2000.

[58] 曲吉建才. 西藏民居 [M]. 北京: 中国建筑工业出版社, 2009.

[59] 南文渊. 高原藏族生态文化 [M]. 兰州: 甘肃民族出版社, 2002.

[60] 潘谷西. 中国古代建筑史(第四卷)[M]. 北京: 中国建筑工业出版社, 2002.

[61] 次旦平措, 吴坚, 平措次仁. 西藏通史: 松石宝串 [M]. 陈庆英, 等, 译. 拉萨: 西藏古籍出版社, 2004.

[62] 钦则旺布. 卫藏道场圣迹志 [M]. 刘立千, 译. 北京: 民族出版社, 2000.

[63] 雀丹. 嘉绒藏族史志 [M]. 成都: 民族出版社, 1995.

[64] 冉光荣. 中国藏传佛教寺院 [M]. 北京: 中国藏学出版社, 1994.

[65] 壤塘县地方志编撰委员会. 壤塘县志 [M]. 北京: 民族出版社, 1997.

[66] 任乃强. 羌族源流探索 [M]. 重庆: 重庆出版社, 1984.

[67] 任乃强. 康藏史地大纲 [M]. 拉萨: 西藏古籍出版社, 2000.

[68] 任乃强. 西康图经 [M]. 拉萨: 西藏古籍出版社, 2000.

[69] 桑杰坚赞. 米拉日巴传 [M]. 刘立千, 译. 北京: 民族出版社, 2000.

[70] 色达县地方志编撰委员会. 色达县志 [M]. 成都: 四川人民出版社, 1997.

[71] 石硕. 藏族族源与藏东古文明 [M]. 成都: 四川人民出版社, 2001.

[72] 石硕. 青藏高原的历史与文明 [M]. 北京: 中国藏学出版社, 2007.

[73] 石硕, 等. 青藏高原碉楼研究 [M]. 北京: 中国社会科学出版社, 2012.

[74] 石渠县志编撰委员会. 石渠县志 [M]. 成都: 四川人民出版社, 2000.

[75] 四川省德格县志编纂委员会. 德格县志 [M]. 成都: 四川人民出版社, 1995.

[76] 宿白. 藏传佛教寺院考古 [M]. 北京: 文物出版社, 1996.

[77] 孙大章. 中国古代建筑史(第五卷)[M]. 北京: 中国建筑工业出版社, 2002.

[78] 索代. 藏族文化史纲 [M]. 兰州: 甘肃文化出版社, 1999.

[79] 索南坚赞. 西藏王统记 [M]. 刘力千, 译. 北京: 民族出版社, 2000.

[80] 罗桑却吉尼玛. 土观宗派源流 [M]. 刘力千, 译. 拉萨: 西藏人民出版社, 1985.

[81] 王绍周. 中国民族建筑(1-5)[M]. 南京: 江苏科学技术出版社, 1999.

[82] 王献军. 西藏政教合一制研究(博士文丛)[M]. 兰州: 兰州大学出版社, 2004.

[83] 王尧, 陈庆英. 西藏历史文化辞典 [M]. 杭州: 浙江人民出版社, 1998.

[84] 汪永平. 拉萨建筑文化遗产 [M]. 南京: 东南大学出版社, 2005.

[85] 五世达赖喇嘛. 西藏王臣记 [M]. 郭和卿, 译. 北京: 民族出版社, 1983.

[86] 西藏昌都地区地方志编纂委员会. 昌都地区志 [M]. 北京: 方志出版社, 2005.

[87] 西藏工业建筑勘察设计院. 古格王国建筑遗址 [M]. 北京: 中国建筑工业出版社, 1988.

[88] 西藏社科院汉文文献研究室. 明实录·藏族史料 [M]. 拉萨: 西藏人民出版社, 1981.

[89] 西藏社科院汉文文献研究室. 新旧唐书·藏族史料 [M]. 拉萨: 西藏人民出版社, 1981.

[90]　西藏社科院汉文文献研究室. 清实录·藏族史料 [M]. 拉萨：西藏人民出版社, 1982.

[91]　西藏自治区建筑勘察设计院，中国建筑技术研究院历史所. 布达拉官 [M]. 北京：中国建筑工业出版社, 1999.

[92]　西藏自治区文物管理委员会，四川大学历史系. 昌都卡若 [M]. 北京：文物出版社, 1985.

[93]　西藏自治区文物管理委员会. 古格故城 [M]. 北京：文物出版社, 1991.

[94]　扎西坚赞. 苯教源流 [M]. 刘力千, 译. 北京：民族出版社, 1985.

[95]　乡城县志编纂委员会. 乡城县志 [M]. 成都：四川大学出版社, 1997.

[96]　萧默. 中国建筑艺术史 [M]. 北京：文物出版社, 1999.

[97]　小金县志编撰委员会. 小金县志 [M]. 成都：四川辞书出版社, 1995.

[98]　谢启晃. 藏族传统文化辞典 [M]. 兰州：甘肃人民出版社, 1993.

[99]　谢廷杰，洛桑群觉. 西藏昌都史地纲要 [M]. 拉萨：西藏人民出版社, 2000.

[100]　新龙县地方志编撰委员会. 新龙县志 [M]. 成都：四川人民出版社, 1992.

[101]　星全成，马连龙. 藏族社会制度研究 [M]. 西宁：青海民族出版社, 2000.

[102]　徐宗威. 西藏传统建筑导则 [M]. 北京：中国建筑工业出版社, 2004.

[103]　雅江县志编纂委员会. 雅江县志 [M]. 成都：巴蜀书社, 2000.

[104]　杨嘉铭，杨环. 四川藏区的建筑文化 [M]. 成都：四川出版集团, 四川民族出版社, 2007.

[105]　杨嘉铭，杨艺. 千碉之国：丹巴 [M]. 成都：巴蜀书社, 2004.

[106]　杨嘉铭，赵心愚，杨环. 西藏建筑的历史文化 [M]. 西宁：青海人民出版社, 2003.

[107]　叶启燊. 四川藏族住宅 [M]. 成都：四川民族出版社, 1992.

[108]　于乃昌. 西藏审美文化 [M]. 拉萨：西藏人民出版社, 1989.

[109]　玉树州志编纂委员会. 玉树州志 [M]. 西安：三秦出版社, 2005.

[110]　张世文. 亲近雪和阳光：青藏建筑文化 [M]. 拉萨：西藏人民出版社, 2004.

[111]　张天锁. 西藏古代科技简史 [M]. 拉萨：西藏人民出版社, 1999.

[112]　政协巴塘县委. 巴塘县文史资料（第二辑）[M]. 2005.

[113]　政协白玉县委. 白玉县文史资料（第二辑）[M]. 2006.

[114]　政协甘孜藏族自治州委员会. 甘孜州文史资料（第八、二十辑）[M]. 1989-2003.

[115]　政协四川省阿坝州委，文史资料委员会. 阿坝州文史资料选辑（一、二、四、六）[M]. 1984-1987.

[116]　政协新龙县委. 新龙县文史资料（第一辑）[M]. 1999.

[117]　智观巴·贡却乎饶吉. 安多政教史 [M]. 吴均, 毛继祖, 马世林, 等, 译. 兰州：甘肃人民出版社, 1982.

[118]　中甸县地方志编撰委员会. 中甸县志 [M]. 昆明：云南民族出版社, 1997.

[119]　中国人民政协，马尔康县委. 马尔康县文史资料（第一辑【四土历史部分】）[M]. 1986.

[120]　周锡银，冉光荣. 藏传佛教寺院资料选编 [M]. 成都：四川省民族事务委员会, 1989.

[121]　周锡银，望潮. 藏族原始宗教 [M]. 成都：四川人民出版社, 1999.

[122]《藏族原始资料丛编》编辑小组. 藏族原始资料丛编［M］. 成都：四川人民出版社，1991.

[123]《甘孜藏族自治州民族志》编写组. 甘孜藏族自治州民族志［M］. 北京：当代中国出版社，1994.

[124]《西藏百科全书》总编辑委员会. 西藏百科全书［M］. 拉萨：西藏人民出版社，2005.

[125]《西藏风物志》编委会. 西藏风物志［M］. 拉萨：西藏人民出版社，1985.

[126]《西藏研究》编辑部. 西藏志·卫藏通志［M］. 拉萨：西藏人民出版社，1982.

[127]《中国古代建筑技术史》编写组. 中国古代建筑技术史［M］. 北京：科学出版社，1984.

[128]沃杰科维茨. 西藏的神灵和鬼怪［M］. 谢继胜，译. 拉萨：西藏人民出版社，1993.

[129]石泰安. 川甘青藏走廊古部落［M］. 耿昇，译. 成都：四川民族出版社，1992.

[130]石泰安. 西藏的文明［M］. 耿昇，译. 北京：中国藏学出版社，1999.

[131]司马迁. 史记（卷116西南夷列传）［M］. 2版. 长沙：岳麓书社，2001.

[132]刘昫，张昭远，等. 旧唐书（卷196吐蕃传）［M］. 标点本. 北京：中华书局，1975.

[133]伊利亚德. 神圣与世俗［M］. 王建光，译. 北京：华夏出版社，2002.

[134]卡拉斯科. 西藏的土地与政体［M］. 陈永国，译. 拉萨：西藏社科院，西藏学汉文文献室，1985.

[135]戈尔斯坦. 喇嘛王国的覆灭［M］. 杜永彬，译. 北京：中国藏学出版社，2005.

[136]范晔. 后汉书（120卷）［M］. 郑州：中州古籍出版社，1996.

[137]常明，等. 四川通志［M］. 成都：巴蜀书社，1984.

[138]陈观浔. 西藏志［M］. 成都：巴蜀书社，1986.

[139]松筠，黄沛翘. 西招图略西藏图考［M］. 拉萨：西藏人民出版社，1982.

[140]魏源. 圣武记（卷五）［M］. 北京：中华书局，1984.

[141]吴丰培. 川藏游踪汇编［M］. 成都：四川人民出版社，1985.

[142]泰勒. 发现西藏［M］. 耿昇，译. 北京：中国藏学出版社，2005.

[143]欧阳修，宋祁，等. 新唐书225卷（卷216吐蕃传）［M］. 标点本. 北京：中华书局，1975.

[144]魏征，等. 隋书（女国传）［M］. 标点本. 北京：中华书局，1975.

[145]杜齐. 西藏宗教之旅［M］. 耿昇，译. 北京：中国藏学出版社，1999.

[146]杜齐. 西藏考古［M］. 向红笳，译. 拉萨：西藏人民出版社，2004.

[147]孔贝. 藏人言藏：孔贝康藏见闻录［M］. 邓小咏，译. 成都：四川民族出版社，中国社会科学出版社，2002.

[148]比尔. 藏传佛教象征符号与器物图解［M］. 向红笳，译. 北京：中国藏学出版社，2007.

[149]脱脱，等. 宋史（卷492吐蕃传）［M］. 北京：中华书局，1977.

科技报告

[150] 郎维伟，文建．大渡河上游丹巴藏族民间文化考察报告[R]．成都：四川民族研究所，2001．

[151] 四川省文物考古研究所，甘孜藏族自治州文化局．四川省考古报告集：丹巴县中路乡罕额依遗址发掘报告[R]．成都，1998．

[152] 王尧．走进藏传佛教：谈藏传佛教的若干特点[R]．成都：四川大学中国藏学研究所，2003．

[153] 西藏贡觉县旅游局，中山大学人类学系．西藏贡觉三岩民族旅游资源调查报告[R]．贡觉，2006．

学位论文

[154] 丁昶．藏族建筑色彩体系研究[D]．西安：西安建筑科技大学，2009．

[155] 拉巴次旦．藏族意向中的色彩及其文化象征[D]．北京：中国社会科学院，2006．

[156] 李睿．滇西北藏传佛教影响下的藏族民居装饰研究[D]．昆明：昆明理工大学，2008．

[157] 李臻赜．川西高原藏传佛教寺院建筑研究[D]．重庆：重庆大学，2004．

[158] 龙珠多杰．藏传佛教寺院建筑文化研究[D]．北京：中央民族大学，2011．

[159] 普华才让．论藏族吉祥符号及其象征意义[D]．北京：中央民族大学，2007．

[160] 王献军．西藏政教合一制研究[D]．南京：南京大学，1997．

[161] 朱普选．青海藏传佛教历史文化地理研究：以寺院为中心[D]．西安：陕西师范大学，2006．

期刊文章

[162] 阿旺旦增．藏传佛教的起源与文化特征[J]．西藏大学学报（汉文版），1996（6）：51-57．

[163] 巴卧·祖拉陈哇．贤者喜宴摘译[J]．黄颢，译．拉萨：西藏民族学院学报（社科版），1980-1986．

[164] 才让太．苯教塞康文化再探[J]．中国藏学，2001（3）：72-89．

[165] 陈庆英，冯智．藏族地区的行政区划[J]．中国西藏，1996（5）：53-57．

[166] 程鸿，虞孝感，倪祖彬，等．青藏高原农业地域分异[J]．资源科学，1981（2）：7-13．

[167] 次多．西藏民居建筑刍议[J]．中国藏学，2004（1）：80-83．

[168] 次多．藏族传统建筑初探[J]．西藏艺术研究，2004（1）：63-67．

[169] 崔永红．论青海土官、土司制度的历史变迁[J]．青海民族学院学报（社会科学版），2004（4）：102-109．

[170] 达扎. 论西藏农业文明的起源 [J]. 西藏研究, 1992 (2): 12-19.

[171] 德吉卓玛. 藏区四大神湖与母体崇拜 [J]. 中国西藏 (中文版), 1999 (5): 41-43.

[172] 杜永彬. "康巴学" 的提出与学界的回响: 兼论构建 "康巴学" 的学术价值和现实意义 [J]. 西南民族大学学报 (人文社科版), 2007 (3): 24-31.

[173] 多尔吉. 丹巴地区村落中 "斯基巴" 和 "日瓦" 社会功能的调查 [J]. 中国藏学, 1994 (5): 135-142.

[174] 多尔吉. 嘉绒藏区碉房建筑及其文化探微 [J]. 中国藏学, 1996 (4): 132-139.

[175] 方立天. 中国佛教的宇宙结构论 [J]. 宗教学研究, 1997 (1): 54-66.

[176] 贡保草. 试论藏族 "塔哇" 的产生 [J]. 西北民族大学学报 (哲学社会科学版), 2003 (4): 83-86.

[177] 何天慧, 兰却加. 论《格萨尔》与藏族牛崇拜文化 [J]. 西藏研究, 1998 (1): 91-95.

[178] 何贝莉. 苯教及其三界宇宙观 [J]. 中国藏学, 2016 (2): 140-147.

[179] 江道元. 西藏卡若文化的居住建筑初探 [J]. 西藏研究, 1982 (3): 103-126.

[180] 姜怀英. 从布达拉宫看西藏寺庙建筑演变中的几个问题 [J]. 古建园林技术, 1994 (4): 9-20.

[181] 李锦. 藏彝走廊的民族文化生态单元 [J]. 西南民族大学学报 (人文社科版), 2007 (1): 25-26.

[182] 李德成. 嘛呢堆与藏传佛教 [J]. 中国宗教, 2003 (3): 46-47.

[183] 李绍明, 任新建. 康巴学简论 [J]. 康定民族师范高等专科学校学报, 2006 (2): 1-6.

[184] 李绍明. 费孝通论藏彝走廊 [J]. 西藏民族学院学报 (哲学社会科学版), 2006 (1): 1-7.

[185] 廖杨. 康区藏族宗法文化形态简论 [J]. 贵州民族研究, 2002 (4): 66-74.

[186] 林继富. 藏族天梯神话发微 [J]. 西藏研究, 1992 (1): 102-109.

[187] 刘传军, 毛颖. 康巴地区藏族民居的 "门文化" 解读 [J]. 西北民族大学学报 (哲学社会科学版), 2007 (3): 85-88.

[188] 刘志群. 藏族浩繁庞大的鬼灵神佛信奉体系: 苯教 "万神殿" [J]. 西藏艺术研究, 1996 (3): 26-36.

[189] 曲吉建才. 藏式建筑的外墙色彩与构造 [J]. 建筑学报, 1987 (11): 68-73.

[190] 曲吉建才. 木雅康巴藏族的民居 [J]. 西藏人文地理, 1996 (3): 45-48.

[191] 曲吉建才. 西藏传统建筑与环境评析 [J]. 室内设计, 2002 (2): 14-23.

[192] 诺吾才让. 论雍仲苯教的生态伦理观 [J]. 青海民族学院学报 (社会科学版), 2005 (3): 16-20.

[193] 彭代明. 试论邛笼建筑 [J]. 阿坝州师范专科学校学报, 1999 (5): 85-90.

[194] 石硕, 刘俊波. 青藏高原碉楼研究的回顾与展望 [J]. 四川大学学报 (哲学社会科学版), 2007 (5): 74-80.

[195] 石硕. 试论康区藏族的形成及其特点 [J]. 西藏民族学院学报 (哲学社会科学版), 1993 (2): 22-28.

［196］石硕. 从松赞干布时广建神庙的活动看苯教与佛教之关系［J］. 西藏民族学院学报（哲学社会科学版），1999（1）：31-37.

［197］石硕. 昌都：茶马古道上的枢纽及其古代文化：兼论茶马古道的早期历史面貌［J］. 西藏大学学报，2003（4）：12-20.

［198］石硕.《格萨尔》与康巴文化精神［J］. 西藏研究，2004（4）：61-64.

［199］石硕. 关于"康巴学"概念的提出及相关问题：兼论康巴文化的特点、内涵与研究价值［J］. 西藏研究，2006（3）：91-96.

［200］石硕. 隐藏的神性：藏彝走廊中的碉楼：从民族志材料看碉楼起源的原初意义与功能［J］. 民族研究，2008（1）：56-65.

［201］斯农平措. 藏族历史坐标中的古代科技发展轨迹［J］. 西南民族学院学报（哲学社会科学版），2000（11）：127-131.

［202］孙林. 藏族传统宗教中的灵魂观念与祖先崇拜［J］. 西藏研究，2007（8）：28-35.

［203］孙宏开. "邛笼"考［J］. 民族研究，1981（1）：80.

［204］孙宏开. 试论"邛笼"文化与羌语支语言［J］. 民族研究，1986（2）：53-61.

［205］索南才让. 论西藏佛塔的起源及其结构和类型［J］. 西藏研究，2003（2）：82-88.

［206］王克林. 卍图像符号源流考［J］. 文博，1995（3）：3-27.

［207］王云梅. 尊重生命热爱自然：佛教的生态伦理观浅析［J］. 东南大学学报（哲学社会科学版），2001（11）：34-36.

［208］吴庆洲. 曼荼罗与佛教建筑［J］. 古建园林技术，2000（1）：32-34.

［209］吴庆洲. 曼荼罗与佛教建筑［J］. 古建园林技术，2000（2）：31-33.

［210］谢继胜. 藏族的山神神话及其特征［J］. 西藏研究，1988（4）：83-97.

［211］谢继胜. 藏族土地神的变迁与方位神的形成［J］. 青海社会科学，1989（1）：92-95.

［212］徐学书. 川西北的石碉文化［J］. 中华文化论坛，2004（1）：31-36.

［213］杨大禹. 两种文化的结晶：云南中甸藏族民居［J］. 华中建筑，1998（4）：120-122.

［214］杨环. 我国藏区的第一座宁玛派大寺：呷拖寺［J］. 西藏民俗，1999（3）：62-64.

［215］杨环. 试论藏族建筑文化的特殊性［J］. 中华文化论坛，2004（4）：81-85.

［216］杨嘉铭. 四川甘孜阿坝地区的"高碉"文化［J］. 西南民族学院学报（人文社科版），1988（3）：25-31.

［217］应兆金. 藏族建筑的木结构及其柱式［J］. 建筑学报，1993（4）：13-16.

［218］于水山. 西藏建筑及装饰的发展概说［J］. 建筑学报，1998（6）：47-52.

［219］张昌富. 嘉绒藏族的吉祥物与自然崇拜［J］. 西藏研究，2000（2）：84-87.

［220］张昌富. 墨尔多神山及嘉绒藏族的山神崇拜［J］. 西藏艺术研究，2003（2）：83-87.

［221］张雪梅，陈昌文. 藏族传统聚落形态与藏传佛教的世界观［J］. 宗教学研究，2007（2）：201-206.

［222］张亚莎. 藏族中世纪建筑［J］. 西藏艺术研究，1998（1）：80-86.

［223］郑莉，陈昌文，胡冰霜. 藏族民居——宗教信仰的物质载体：对嘉绒藏族牧民民居的宗教社会学田野调查［J］. 西藏大学学报，2002（3）：5-9.

[224] 周锡银，望潮. 苯教寺庙及其演变 [J]. 青海社会科学，1995（5）：101-106.

[225] 朱普选. 山与藏传佛教寺院建筑 [J]. 青海民族研究，1997（4）：36-39.

网络资源

[226] http：//www.tibetinfor.com.cn中国西藏信息中心

[227] http：//www.tibetology.ac.cn中国藏学网（中国藏学研究中心）

[228] http：//www.tibet-china.org中国西藏

[229] http：//www.greatestplaces.org/notes/tibet.htm西藏地理

[230] http：//www.tibetinfor.com/tibetzt/dlzz/200209/gywm.htm中国西藏地理

[231] http：//www.gzz.gov.cn中国甘孜网

[232] http：//www.abazhou.gov.cn中国阿坝网

[233] http：//cdxs.gov.cn西藏昌都地区政府门户网

[234] http：//www.51yala.com/list/list_1370_1.html中国旅游网之云南迪庆网

[235] http：//www.qhys.gov.cn青海省玉树州人民政府网

跋

❖

　　本书是在我的博士论文基础上修改而成的。虽然毕业已近十年，但值得欣慰的是，当初研究发现的康巴藏区碉房体系构成和分布的时空规律仍然存在，对今天系统、科学地营造藏区人居环境以及各地的地域特色仍具有指导性和借鉴意义。

　　藏族优秀传统建筑文化所蕴含的智慧和生命力博大精深，本书作为阶段性研究成果，离不开学界前辈和同仁们奠定的学术基础，限于个人学识与诸多客观因素，文中不当之处还望不吝赐教。

　　衷心感谢我的博士导师张兴国先生一直以来的引领和鼓励，当年才有独自深入藏区的勇气和系统研究的激情与坚持。

　　特别感谢四川甘孜、阿坝两州、西藏昌都地区、云南迪庆等地、州宗教局、志书办、城建局以及各级地方政府部门对调研给予的大力支持，希望本书的出版能为当地城乡建设作一些贡献。并特别鸣谢甘孜州电力公司沙正强先生、甘孜州佛教协会汪秋平德先生、甘孜州志办刘启蓉女士、阿坝州宗教局李茂先生、阿坝州金川县县委郑刚先生、金川县昌都寺李西活佛的无私帮助。

　　诚挚感谢徐冉和王晓迪两位老师的认同和辛勤付出。

　　衷心感谢亲人们无私的支持和陪伴。

　　还要感谢调研中遇到的许许多多藏区干部和群众的热情帮助和支持。

　　最后祝愿康巴藏区发展得越来越好。